FORSCHUNGSBERICHT DES LANDES NORDRHEIN-WESTFALEN

Nr. 2695/ Fachgruppe Hüttenwesen/Werkstoffkunde

Herausgegeben im Auftrage des Ministerpräsidenten Heinz Kühn
vom Minister für Wissenschaft und Forschung Johannes Rau

Dr.-Ing. Helmut Huber
Institut für Werkzeugforschung Remscheid
im Auftrage des Vereins
zur Förderung von Forschungs- und Entwicklungsarbeiten
in der Werkzeugindustrie e. V. Remscheid

Unmagnetische Handwerkzeuge aus Titan und Stahl
Schmieden - Bearbeiten - Prüfen

WESTDEUTSCHER VERLAG 1977

Die vorliegende Arbeit wurde durch eine Vielzahl von Firmen unterstützt und gefördert. Auch an dieser Stelle sei diesen Betrieben für ihre Mithilfe gedankt.

Bergische Stahl-Industrie, Remscheid
Contimet, Krefeld
Degussa, Hanau
Elektroschmelzwerk Kempten, Frechen
ERNO Raumfahrttechnik, Bremen
Gommann, Remscheid
Knipex-Werk, Wuppertal
Messerschmitt-Bölkow-Blohm, Ottobrunn
Oberhoff, Remscheid
Ohler, Remscheid
Stahlwille, Wuppertal
Stahlwerke Südwestfalen, Geisweid
Stiftung Institut für Härtereitechnik, Bremen
Thyssen Edelstahlwerke, Krefeld
Werkzeugunion DWU, Wuppertal

CIP-Kurztitelaufnahme der Deutschen Bibliothek

Huber, Helmut
Unmagnetische Handwerkzeuge aus Titan und Stahl: Schmieden, Bearbeiten, Prüfen. - 1. Aufl. - Opladen: Westdeutscher Verlag, 1977.
(Forschungsberichte des Landes Nordrhein-Westfalen; Nr. 2695 : Fachgruppe Hüttenwesen, Werkstoffkunde)
ISBN 978-3-531-02695-4 ISBN 978-3-322-88392-6 (eBook)
DOI 10.1007/978-3-322-88392-6

Gesamtherstellung: Westdeutscher Verlag

ISBN 978-3-531-02695-4

Inhalt | Seite

1. Einleitung und Stand der Technik

Der Anwendungsbereich von nichtmagnetisierbaren Stählen ist recht beschränkt; er ist hauptsächlich im Schiffbau, im Gerätebau, im Maschinen- und Fahrzeugbau und in der Elektroindustrie zu suchen: Immer dann, wenn in Bauteilen keine Verluste durch Hysterese oder Wirbelströme auftreten dürfen und die magnetischen Kraftlinien keinen Nebenschluß erfahren sollen, werden diese Werkstoffe eingesetzt. Ferner werden sie dort benötigt, wo das natürliche Erdfeld ungestört erhalten bleiben soll. Ein Ausweg wäre in diesen Fällen zwar die Anwendung von Nichteisenlegierungen; doch ist dabei zu berücksichtigen, daß diese Werkstoffe nicht die mechanischen Eigenschaften des Werkstoffes "Stahl" erreichen (1 - 7).

Bestimmte Typen von nichtmagnetisierbaren Stählen weisen eine Korrosionsbeständigkeit auf, die der von austenitischen rost- und säurebeständigen Stählen entspricht. Für diese Sorten ist auch die Anwendung in der chemischen Industrie möglich (6, 7).

Titan und Titanlegierungen werden wegen ihres im Vergleich zu Stahl niederen spezifischen Gewichtes hauptsächlich im Flugzeugbau, im Raketen- und Satellitenbau, im Fahrzeugbau, in der Elektroindustrie und bei der Chirurgie und Orthopädie eingesetzt.

Darüberhinaus finden diese Werkstoffe wegen ihrer hervorragenden Korrosionsbeständigkeit Anwendung in vielen Bereichen der chemischen Industrie (8 - 22).

Die mechanischen Eigenschaften von Titan und Titanlegierungen sind mit denen von Stahl in bestimmten Fällen durchaus vergleichbar.

Handwerkzeuge wie Schraubendreher, Schraubenschlüssel, Zangen, Hämmer oder Beile aus nichtmagnetisierbarem Stahl sind bekannt - Handwerkzeuge aus Titan oder Titanlegierungen sind bisher noch nicht hergestellt worden.

Die z.Z. im Handel angebotenen "unmagnetischen" Werkzeuge werden oft als Gußteile hergestellt und entsprechen in ihren Abmessungen und ihren Prüfdrehmomenten zum Teil nicht den DIN-Normen für Werkzeuge aus Stahl (z.B. bei Schraubendrehern und Schraubenschlüsseln) sowie in ihren Prüfvorschriften nicht den technischen

Lieferbedingungen für Werkzeuge aus Stahl (z.B. bei Greifzangen mit Schneiden).

Ihr Anwendungsbereich bezieht sich fast ausschließlich auf die Schiffsausrüstung und den Schiffbau (23).

Ein vollkommen neuer und anders gearteter Anwendungsbereich eröffnet sich für nichtmagnetische Handwerkzeuge bei der Montage von Raumkapseln, von Raketen und Lenkgeschossen sowie bei der Montage elektronischer Bauteile. Von Seiten dieser Industrie kommt die Forderung nach absolut "magnetisch reinen" Handwerkzeugen, da festgestellt worden ist, daß die während der Montage von Bauteilen abgebrochenen Teile oder Rückstände der konventionellen Werkzeuge aus Werkzeugstahl die Messung feinster magnetischer Felder beeinflussen. Um solche Fehler zu vermeiden, sollen die entsprechenden Arbeiten mit "magnetisch reinen" Handwerkzeugen im Sinne der Luft- und Raumfahrtindustrie vorgenommen werden.

Für solche Messungen genügt die übliche Prüfung der relativen Permeabilität μ in Gauß/Oersted nicht mehr, sondern sie muß durch ein Sonderverfahren, bei dem das durchschnittliche magnetische Moment M^* in Abhängigkeit vom Gewicht der Probe bestimmt wird, ersetzt werden. Nur so sind die hohen Anforderungen an den magnetischen Reinheitsgrad des verwendeten Materials zu untersuchen bzw. zu erfüllen.

Im Gegensatz zum Schiffbau spielt bei diesen Werkzeugen auch deren Handlichkeit während der Montagearbeiten eine entscheidende Rolle. D.h., daß die Werkzeuge mindestens die gleichen Abmessungen aufweisen müssen wie Werkzeuge aus Werkzeugstahl.

Bei nichtmagnetisierbaren Werkzeugen entfällt auch die oft als lästig empfundene Aufmagnetisierung üblicher Werkzeuge nach Arbeiten in einem Magnetfeld. Besonders bei Schraubendrehern wirkt sich diese Erscheinung oft störend aus, wenn unerwünschte magnetisierbare Kleinteile stets am Werkzeug haften bleiben.

Die Gewichtsersparnis, die Handwerkzeuge aus Titan oder Titanlegierungen aufweisen, ist für eine einfache Handhabung sicherlich nicht unwesentlich.

Eine Gewichtsersparnis von ca. 4o% kann auch für die Fälle interessant sein, bei denen der Transport der Werkzeuge - von Hand vorgenommen - eine gewisse Rolle spielt, z.B. bei Montagearbeiten auf Hochspannungsleitungen, im Gebirge oder nach langen Anmarschwegen.

Aus diesen Gründen haben wir die Herstellung von "magnetisch reinen" Handwerkzeugen sowohl aus nichtmagnetisierbarem Stahl als auch aus Titan oder Titanlegierungen für so interessant gehalten, daß wir diesem Thema eine ausführliche Untersuchung gewidmet haben, deren Ergebnisse wir hier im folgenden vorstellen.

2. Problemstellung

Da nicht zu erwarten ist,daß Handwerkzeuge aus nichtmagnetisierbaren Werkstoffen vom Markt in großen Stückzahlen verlangt werden, sollen in der vorliegenden Untersuchung von vornherein die Möglichkeiten Berücksichtigung finden, die der Werkzeugindustrie in ihren Betrieben zur Verfügung stehen. Falls hohe Investitionen zur Herstellung von nichtmagnetisierbaren Werkzeugen erforderlich sein würden, wären die Aussichten gering, daß sich dieser mittelständische Industriezweig dazu entschließen könnte.

Durch das im Vergleich zu Werkzeugstahl teure Vormaterial und die Einzelfertigung der Teile steigen die Verkaufskosten gegenüber konventionellen Werkzeugen ohnehin so stark, daß Investitionen über einen sehr hohen Verkaufspreis nicht wirtschaftlich tragbar erscheinen.
Die Problemstellung dieser Untersuchung bezieht sich also auf die Frage, wie man einmal "magnetisch reine" und zum anderen leichte Handwerkzeuge herstellen kann, wenn die bekannten technischen Schwierigkeiten, die bei diesen Materialien zu erwarten sind, berücksichtigt werden und wie groß die Abweichungen von einer "normalen" Serienfertigung sind.

3. Theoretische Grundlagen

Im folgenden soll nur kurz auf die wichtigsten Begriffe eingegangen werden, die bei der Behandlung unmagnetischer Werkstoffe und speziell bei austenitischen Stählen zum besseren Verständnis wichtig sind. Weitergehende Erläuterungen sind der entsprechenden Fachliteratur zu entnehmen (siehe Literaturhinweis).

3.1 Magnetische Eigenschaften

Setzt man irgendeinen Werkstoff einem magnetischen Feld aus, so kann die Kraftliniendichte im Inneren des betreffenden Stoffes je nach seiner Beschaffenheit kleiner oder größer sein als vergleichsweise die Kraftliniendichte im Vakuum ist. Im ersten Fall, der bei Betrachtung aller Stoffe am häufigsten anzutreffen ist, nennt man dieses Material "diamagnetisch", im zweiten Fall "paramagnetisch". Einen Sonderfall des "Paramagnetismus" stellt der "Ferromagnetismus" dar, bei dem die Kraftliniendichte im Inneren außergewöhnlich stark zunimmt.

Diamagnetische Werkstoffe schwächen also ihr eigenes Magnetfeld im Inneren, paramagnetische Werkstoffe verstärken es und ferromagnetische Werkstoffe verstärken es um ein Vielfaches.

Bringt man nun drei gleich große Proben eines dia-, para- und ferromagnetischen Materials in ein gleich großes Magnetfeld, so können im Inneren der Proben unterschiedliche Feldliniendichten gemessen werden. Das Verhältnis der Feldliniendichte in der jeweiligen Probe - die Induktion B - zur Feldliniendichte ohne Probe am gleichen Ort - die äußere Feldstärke H - wird als die dimensionslose Permeabilität μ bezeichnet:

$$\mu = \frac{B}{H}$$

Im reinen Vakuum gilt für die Feldliniendichte "in Luft" - also ohne Probenmaterial - die Beziehung

$$\mu_0 = \frac{B_0}{H}$$

In diesem Fall ist die magnetische Induktion B_0 stets das $1{,}256 \cdot 10^{-8}$fache der Feldstärke H

$$\mu_0 = 1{,}256 \cdot 10^{-8} \left[\frac{Vs}{A\ cm}\right] = 4 \cdot \pi \cdot 10^{-9} \left[\frac{Vs}{A\ cm}\right]$$

Bringt man einen beliebigen Werkstoff in dieses Magnetfeld H, so ändert sich B wie folgt

$$B = \mu_r \cdot \mu_0 \cdot H$$

Mit μ_r wird die relative Permeabilität eines beliebigen Stoffes bezeichnet (24 - 27).

Proben aus Material mit verschiedenem magnetischem Verhalten können danach sehr charakteristische Zahlenwerte für ihre relative Permeabilität μ_r zugeordnet werden (6):

$\mu_{r\ Dia} = 1 - 10^{-8}$ bis $1 - 10^{-4}$

($\mu_{r\ Dia}$ ist geringfügig kleiner als 1)

$\mu_{r\ Para} = 1 + 10^{-6}$ bis $1 + 10^{-3}$

($\mu_{r\ Para}$ ist geringfügig größer als 1)

$\mu_{r\ Ferro}$ = 10 bis 100 000

($\mu_{r\ Ferro}$ ist sehr viel größer als 1)

Die Größe, um die die relative Permeabilität dia- und paramagnetischer Stoffe von 1 abweicht, wird die Suszeptibilität " $\varkappa$ " genannt:

$$\varkappa = \mu - 1$$

$$\varkappa_{Dia} = -10^{-8} \text{ bis } -10^{-4}$$

$$\varkappa_{Para} = +10^{-6} \text{ bis } +10^{-3}$$

Bei dia- und paramagnetischen Stoffen - also bei der überwiegenden Anzahl aller Materialien - wächst demnach die Induktion B sowie die innere Induktion B_i proportional zur angelegten Feldstärke H an, da die Permeabilität sich nur wenig von 1 unterscheidet; die Permeabilität kann daher als unveränderliche Werkstoffkonstante angesehen werden.

Demgegenüber ist die Permeabilität ferromagnetischer Stoffe - $\mu \gg 1$ - in starkem Maße von der Größe des Erregerfeldes abhängig.

Unmagnetische Stähle sind stets paramagnetisch. Durch die Wahl ihrer Legierungselemente wird erreicht, daß die Suszeptibilität " $\varkappa$ " in einem Magnetfeld von

$$H = 100 \text{ Oe} = 7960 \text{ A/m}$$

einen Wert von ca. 0,001 annimmt. Die relative Permeabilität μ_r beträgt ca. 1,001.

Titan und Titanlegierungen sind ebenfalls bei Raumtemperatur immer paramagnetisch; die Größe der Suszeptibilität $\varkappa$ ist bei diesen Werkstoffen im Vergleich zu nichtmagnetisierbaren Stählen allerdings sehr verschieden.

3.2 Nichtmagnetisierbare Stähle

Reines Eisen verhält sich bei Raumtemperatur stark ferromagnetisch. Bei Erwärmung verliert das Metall,das in kubisch-raumzentrierter Kristallform vorliegt, bei 768° C - dem sog. Curie-Punkt - diese Eigenschaft,und es wird paramagnetisch. Die Änderung erfolgt nicht sprunghaft, sondern es tritt ein allmählicher Übergang ein. Die Vorgänge, die zum Verlust des Ferromagnetismus führen, sind rein atomistischer Art und sollen an dieser Stelle nicht näher erläutert werden. Das kubisch-raumzentrierte Gitter des α-Eisens ändert sich bei dieser Verschiebung zunächst nicht ; erst bei einer Temperatur von 9o6° C erfolgt eine Phasenumwandlung, indem das kubisch-raumzentrierte Gitter in eine kubisch-flächenzentrierte Form übergeht. Auch dieses sog. γ-Eisen ist dann unmagnetisch. Reines Eisen ist also stets ausschließlich oberhalb von 768° C als α-Eisen nichtmagnetisierbar und oberhalb 9o6° C als γ-Eisen.

Aus diesem Grunde ist eine Ausnutzung dieser Erscheinung in der Technik so gut wie ausgeschlossen.

Durch Legieren des reinen Eisens mit den Elementen Kohlenstoff, Nickel, Chrom, Mangan, Molybdän, Kobalt und auch Stickstoff kann erreicht werden, daß der α/γ-Umwandlungspunkt bis weit unterhalb der Raumtemperatur abgesenkt wird und das paramagnetische γ-Eisen - auch Austenit genannt - bei "normalen" Temperaturen bestehen bleibt. Gleichzeitig wird in gleichem Maße die Lage des Curie-Punktes erheblich zu tiefen Temperaturen verschoben. Die Eigenschaften der auf unterschiedliche Art erzeugten austenitischen Stähle hängen von der Menge und der Art der dem Eisen hinzugefügten Legierungselemente ab:
Kohlenstoffgehalte bis ca. o,5o% und Stickstoff erhöhen die mechanischen Eigenschaften (Streckgrenze, Festigkeit).

Hohe Gehalte an Chrom und Nickel verbessern bei gleichzeitig geringen Anteilen an Kohlenstoff das Korrosionsverhalten.

Bei Korrosionsbeständigkeit gegen Meerwasser oder Meerwasseratmosphäre - ganz allgemein bei Chlorionenangriff - ist der Zusatz von Molybdän erforderlich.

Die Zusammensetzung der austenitischen Stähle hängt demnach sehr stark von ihrem vorgesehenen Verwendungszweck und den Einsatzbedingungen (133, 134) ab. Während bei den rost- und säurebeständigen Werkstoffen deren Korrosionsverhalten den entscheidenden Maßstab darstellt, tritt bei den nichtmagnetisierbaren Stählen deren magnetisches Verhalten sowie - besonders bei unmagnetischen Baustählen - deren mechanische Eigenschaften in den Vordergrund.

Oft muß bei der Beurteilung der an den betreffenden Stahl gestellten Anforderungen ein Kompromiß eingegangen werden, wenn der Werkstoff z.B. bestimmte Festigkeitswerte <u>und</u> ein bestimmtes Korrosionsverhalten besitzen soll.

Wichtig bei der Verwendung von nichtmagnetisierbaren austenitischen Stählen ist außerdem die Stabilität des Austenites. Durch Kaltumformung (Erhöhung der Streckgrenze) kann z.B. bei bestimmten Werkstoff-Typen eine Verfestigung des Materials erreicht werden; diese martensitähnliche Phase ist jedoch ferromagnetisch, d.h., die auf diese Weise zu verbessernden Festigkeitseigenschaften werden durch die Anforderungen an die Permeabilität begrenzt.

Der Entwicklungsspielraum für verschiedenartige austenitische Stähle - diese Feststellung bezieht sich sowohl auf die rost- und säurebeständigen als auch auf die nichtmagnetisierbaren Stähle - wird also einmal durch die Möglichkeiten bei der Legierung und zum anderen durch die Anforderungen bezüglich Streckgrenze/ Festigkeit sowie Korrosionsverhalten stark eingeengt. Es kann festgestellt werden, daß die Entwicklung dieser Werkstoffe bereits seit längerer Zeit so gut wie abgeschlossen ist und daß heute für jeden Einsatzfall ein Stahl mit entsprechenden Eigenschaften zur Verfügung steht (1 - 7, 24, 26).

4. Werkstoffauswahl

Wie in Abschnitt 3. bereits erwähnt, können austenitische Stähle durch sehr unterschiedliche Legierungszusammensetzungen gewonnen werden.

Die chemische Zusammensetzung dieser Werkstoffe übt jedoch einen starken Einfluß auf die erreichbaren Festigkeits- bzw. Härtewerte sowie auf den Grad der Unmagnetisierbarkeit aus. Ferner sind die Umformbarkeit und die mechanische Bearbeitbarkeit abhängig von der jeweiligen Stahlsorte.

Das gleiche gilt für Titan und Titanlegierungen, bei denen ebenfalls verschiedene Sorten mit entsprechend unterschiedlichen Eigenschaften von den Herstellern auf dem Markt angeboten werden.

Bei der Auswahl der für die vorliegende Untersuchung am besten geeigneten Stahl- und Titanlegierungen wurden also folgende, bereits genannte Maßstäbe angelegt:

4.1 Festigkeit bzw. Härte

Da Schraubendreher und -schlüssel bestimmte Drehmomente zu übertragen in der Lage sein und schneidende Zangen eine bestimmte Schneidfähigkeit aufweisen müssen, sollten die nach der Wärmebehandlung erreichten Festigkeitswerte größer als 12oo N/mm^2 sein; dieser Wert entspricht bei Stahl einer Härte von umgerechnet 36 HRc (bei Titan und Titanlegierungen liegen andere Umrechnungsverhältnisse vor).

Aufgrund dieser Forderungen scheiden bereits alle Reintitansorten aus den Betrachtungen aus, da diese Werkstoffe Festigkeitswerte von max. 7oo N/mm^2 erreichen.

Diese Angaben der maximal zu erzielenden Festigkeitswerte können den Unterlagen der Hersteller entnommen werden (5 - 7, 18, 19).

4.2 Magnetisierbarkeit

Aufgrund der Anforderungen, die die Raumfahrtindustrie an unmagnetische Teile stellt, sollte die Magnetisierbarkeit der verwendeten Werkstoffe möglichst gering sein. "Magnetisch reine" Werkstoffe im Sinne der Raumfahrt wären für den vorgesehenen Verwendungszweck als "ideal" zu bezeichnen.

In den Unterlagen und Veröffentlichungen der Hersteller von unmagnetischen Stählen sowie von Titan und Titanlegierungen werden zwar Angaben über die Magnetisierbarkeit dieser Werkstoffe gemacht, doch sind diese Werte für den vorliegenden Fall zu wenig unterschiedlich und zu grob: Bei Stahl gibt man stets als relative Permeabilität einen Wert von < 1,o1 Gauß/Oersted an, bei Titan und Titanlegierungen Werte zwischen 1,ooo172 und 1,ooo179 Gauß/Oersted (5 - 7, 18, 19).

Die Messung der relativen Permeabilität erfolgt üblicherweise mittels Hallgeneratoren; dabei wird ein Feldstärkenmesser Typ 1.541 der Fa. Dr. Förster, der ein Joch und zwei Sonden besitzt, benutzt. Mit dieser Methode lassen sich besonders die magnetischen Feldgradienten in Magnetfeldern mit vergleichsweise hoher Feldstärke bestimmen.

Bei diesem Prüfverfahren werden zunächst beide Sonden im offenen Teil des Joches bei einer bestimmten Feldstärke einzeln abgeglichen und das Anzeigegerät auf den Nullpunkt eingestellt. Danach wird die zu untersuchende Probe- Abmessungen loo mm x lo mm Ø - quer in den Luftspalt des Joches eingelegt und durch Verstellung der Lage der größte Zeigerausschlag auf der Skala des Meßgerätes ermittelt. Dieser Wert gibt die durch die Probe hervorgerufene Feldstärkenänderung an.

Aus einem Umrechnungsdiagramm, das den Durchmesser der Probe mitberücksichtigt, kann dann die relative Permeabilität des Werkstoffes bei der jeweils eingestellten Feldstärke abgelesen werden.

Im vorliegenden Fall wurden alle Proben bei einer Feldstärke von looo Oersted geprüft.

Bei der Bestimmung der magnetischen Reinheit von Werkstoffen gemäß der für HEOS-A2 aufgestellten Spezifikation wird das magnetische Restfeld einer Probe in verschiedenen Versuchen gemessen und aus diesen Werten das durchschnittliche magnetische Moment des Werkstoffes errechnet. Für diese Untersuchungen wurden die gleichen Proben der Abmessungen loo mm x lo mm Ø benutzt, wie bei der Bestimmung der relativen Permeabilität.

Um den Ausgangszustand der Proben vor den Versuchen zu kennen, werden die Proben zunächst im Anlieferungszustand vermessen: Mit einem sehr empfindlichen Magnetometer (Typ Dr. Förster GM 32-4oo, Empfindlichkeit max o,1 γ) wird das magnetische Feld an beiden Stirnseiten der Probe im Abstand von lo mm ermittelt (+x und -x); dabei ist die Größe des Erdfeldes zu berücksichtigen.

Danach wird die in einer Spule befindliche Probe mit einem Gleichfeld von 15o Gauß, das parallel zur X-Achse - parallel zur Länge der Probe - verläuft, aufmagnetisiert und das magnetische Restfeld an den Stirnseiten in +x - und -x - Richtung gemessen (Abstand des Magnetometers lo mm).

Bei der anschließenden Abmagnetisierung mit einem 5o-Hz-Wechselfeld von max.3oo Gauß liegt die X-Achse der Probe wieder parallel zum Wechselfeld. Gemessen wird erneut stirnseitig im Abstand von lo mm das verbliebene Restfeld in +x - und -x - Richtung. Aus den beim Aufmagnetisieren mit 15o Gauß bei der +x - und -x - Messung gewonnenen Werten wird nun mit Hilfe der folgenden Formel das durchschnittliche magnetische Moment des untersuchten Werkstoffes errechnet:

$$M^{*} = 10^{-4} \cdot \frac{(+x) + (-x)}{2 \cdot m} \quad \text{in Gauß} \cdot cm^{3} \cdot kg^{-1}$$

Dabei bedeutet "m" die Masse der Probe; diese Gleichung gilt aufgrund ihrer Herleitung nur für die Messung von Proben der erwähnten Abmessungen.

Die Größe von M^{*} gilt als Maß für die "magnetische Reinheit" von Werkstoffen; der Grenzwert richtet sich nach den jeweils gestellten Anforderungen.

4.3 Schmiedbarkeit

Unter der Beurteilung der Schmiedbarkeit soll an dieser Stelle ganz allgemein der Schwierigkeitsgrad verstanden werden, der beim Gesenkschmieden des betreffenden unmagnetisierbaren Werkstoffes zu erwarten ist.

Dabei sind recht unterschiedliche Gesichtspunkte zu beachten:
Die Höhe des Umformwiderstandes bei der angewandten Umformgeschwindigkeit.
Der für die Warmumformung zur Verfügung stehende Temperaturbereich.
Das Umformvermögen des Werkstoffes und die damit im Zusammenhang stehende Neigung zur Riß- oder Faltenbildung am Rohling ("Bildsamkeit").
Die erforderlichen Aufheiz- und Abkühlbedingungen.
Oberflächenreaktionen beim Erwärmen, Umformen oder Abkühlen.

Man kann im allgemeinen von der Tatsache ausgehen, daß bei steigenden Anteilen an Legierungselementen der Umformwiderstand des Werkstoffes zunimmt,
der Bereich der Schmiedetemperatur enger wird,
das Fließverhalten sich verschlechtert und
besonders beim Erwärmen und Halten auf Schmiedetemperatur bestimmte Vorsichtsmaßnahmen zu treffen sind.

Natürlich treten bei diesen allgemeinen Feststellungen Ausnahmen auf (z.B. bei ganz bestimmten austenitischen Werkstoffen); die Aussagen gelten jedoch stets bei Stählen mit stark zunehmenden Nickelgehalten bzw. bei Nickel-Legierungen und bei deutlich steigenden Gehalten an Chrom, Mangan und Molybdän.

Die Beurteilung der Schmiedbarkeit erfolgte stets unter Berücksichtigung dieser aufgeführten Gesichtspunkte. Die Ergebnisse wurden in 3 Gesamtaussagen zusammengefaßt:

Schmiedbarkeit gut
mäßig
schlecht

Diese Kennzeichnung stellt einen reinen Vergleich der geprüften unmagnetisierbaren Werkstoffe untereinander dar und kann nicht mit anderen, magnetisierbaren Stählen im Zusammenhang gesehen werden. D.h., die Beurteilung der Schmiedbarkeit als "gut" gilt nicht im allgemeinen, sondern bezieht sich ausschließlich auf das Verhältnis zu einem der anderen im Rahmen dieser Arbeit untersuchten unmagnetischen Werkstoffe.

So beträgt beispielsweise die Formänderungsfestigkeit k_f der Titanlegierung Al6V4 (ähnlich Ti Al6V6Sn2 bei Schmiedetemperatur 15 kp/mm^2, die eines Einsatzstahles (16 MnCr 5) bei gleichen Umformbedingungen (φ = 2o, $\dot{\varphi}$ = o,25 s^{-1}) dagegen nur 7 kp/mm^2 (28 - 36).

4.4 Bearbeitbarkeit

Für die Beurteilung der Bearbeitbarkeit der verschiedenen Werkstoffe sollen zusammenfassend alle diejenigen Arbeitsgänge herangezogen werden, die am Schmiederohling durchgeführt werden, bis ein verkaufsfertiges Werkzeug vorliegt.

Folgende Operationen wurden dabei berücksichtigt:

Fräsen, Drehen, Bohren, Hobeln, Schleifen, Richten, Nieten, Prägen, Polieren, Sägen, Räumen, Feilen.

Aus dieser Zusammenstellung ist zu erkennen, daß es sich dabei fast ausschließlich um Fertigungsverfahren handelt, die man unter dem Oberbegriff "Zerspanung" zusammenfassen kann.

Nun ist der Begriff "Zerspanbarkeit" ebenso schwierig zu definieren wie der vorab besprochene Begriff "Schmiedbarkeit", da auch hier nicht nur eine bestimmte Meßgröße ermittelt werden kann, sondern die Wirkung zweier Werkstoffe aufeinander, die Werkstoffpaarung von Werkzeug - Schneidstoff und Werkstück - Werkstoff betrachtet werden muß.

Man zieht im allgemeinen folgende Bewertungsgrößen zur Beurteilung der Zerspanbarkeit heran:

Den Werkzeugverschleiß (Standzeit des Werkzeuges).

Die Güte der Werkstückoberfläche (Oberflächenrauheit, Maßhaltigkeit).
Die Schnittkraft .
Die Spanform und den Spanablauf.

Angaben über die Zerspanbarkeit verschiedener Werkstoffe unter Berücksichtigung dieser Faktoren sind den Unterlagen der Stahlhersteller und einer Vielzahl von Veröffentlichungen zu entnehmen (26, 37 - 57).

Im vorliegenden Fall werden wiederum ausschließlich die untersuchten unmagnetischen Werkstoffe betrachtet und ihre Zerspanbarkeitswerte, so weit wie sie vorliegen, miteinander verglichen.

Die Beurteilung erfolgte auch hier nach drei Gruppen:
Zerspanbarkeit gut
mäßig
schlecht

Ein Vergleich mit anderen als den hier betrachteten Werkstoffen ist nicht möglich. Auch an dieser Stelle sei dazu ein Beispiel genannt:

Beim Drehen von Ck 45 können unter Einsatz von HM-Werkzeugen Schnittgeschwindigkeiten von 2oo m/min bei einer spezifischen Schnittkraft von 1451 N/mm^2 erreicht werden - beim Drehen der Titanlegierung Al6V4 (ähnlich Ti Al6V6Sn2) beträgt die übliche Schnittgeschwindigkeit nur 4o m/min bei einer fast gleich großen spezifischen Schnittkraft von 1356 N/mm^2 (42).

In Tabelle 1 sind alle untersuchten Werkstoffe mit ihrer chemischen Zusammensetzung aufgeführt. Es handelt sich um 9 Stähle und um 2 Titanlegierungen. Zwei Stähle (NiCr 19 CoMo, Probe Nr. 9 und 12, und X2 CrNiMoN 1814, Probe Nr. 3 und 5) sind zweifach aufgeführt, da von zwei verschiedenen Stahlwerken die gleichen Vormaterialproben angeliefert worden sind. Diese Proben dienten zur Kontrolle der Meßergebnisse untereinander.

Tabelle 2 enthält von den in Tabelle 1 genannten Werkstoffen die Beurteilung in Bezug auf ihre Festigkeitswerte, ihre Magnetisierbarkeit, ihre Schmiedbarkeit und ihre Bearbeitbarkeit.

Aus dieser Tabelle ist zu entnehmen, daß die Titanlegierung Ti Al6V6Sn2 von allen aufgeführten Werkstoffen unter Berücksichtigung aller 4 genannten Auswahlkriterien (Festigkeit > 12oo N/mm^2 - geringste Magnetisierbarkeit - relativ gute Schmied- und Bearbeitbarkeit) das am besten geeignete Material für unmagnetische Handwerkzeuge darstellt. Unbeachtet blieb bei der Beurteilung der Vorteil der guten Handhabung dieser Teile infolge der Gewichtsersparnis von ca. 4o%.

Alle Werkstoffe, die nicht ausgehärtet werden können, scheiden demnach wegen der zu geringen erreichbaren Festigkeitswerte aus. Die hochlegierten Nickellegierungen NiCr 19 CoMo und NiCr 2o Co 18 Ti sind sowohl schwierig zu schmieden als auch schlecht zu zerspanen.

Von den untersuchten Stählen besitzt also der Werkstoff X 5o CrMnNiV 22 9 (Werkstoff-Nr. 1.3947) die günstigsten Eigenschaften.

Aus diesen Gründen wurde die Titanlegierung
Ti Al6V6Sn2 (AMS-Nr. 4918)
und der Stahl

X 5o CrMnNiV 22 9 (Werkstoff-Nr. 1.3947)

aus den untersuchten 11 Werkstoffen zur Herstellung von unmagnetischen Handwerkzeugen ausgewählt.

Mit diesen beiden Werkstoffen wurden alle weiteren Versuche und Prüfungen unternommen.

Probe Nr.	Werkstoff Nr.	Kurzbezeichnung nach DIN	Chemische Zusammensetzung in %													
			C	Mn	Si	P	S	Cr	Ni	Mo	V	N	Al	Ti	Co	
1	1.3948	X 3 CrNiMnMoN 18 13	.o32	8.12	.28	.o25	.oo8	19.o	13.4o	2.76		.255				
2	1.3952	X 4 CrNiMoN 18 14	.o23	1.89	.38	.o3o	.o13	16.84	14.1o	2.9o		.1o-.3o				
3	1.4429	X 2 CrNiMoN 18 13	.o23	2.oo	.43	.o21	.oo2	18.2o	13.83	2.72		.2o5				
4	1.3947	X 5o CrMnNiV 22 9	.47	8.o1	.34	.o23	.oo5	2o.76	4.64		1.o9	.369				
5	1.4429	X 2 CrNiMoN 18 13	.o2	1.5o	.4o			17.5o	13.oo	2.8o		.18				
6	1.3999	X 7o NiMrCrV 12 5	.7o	5.oo	.2o	.o1	.oo5	3.oo	12.oo		1.oo	.o71				
7	1.3974	X 3 CrNiMnMo 23 17	.o4	5.oo	.7o			24.5o	16.5o	3.2o		.45				
8	1.3964	X 3 CrNiMnMo 19 17	.o4	4.5o	.7o			19.oo	15.5o	3.oo		.25				
9	2.4973	NiCr 19 Co Mo	.o7	< .1o	<.1o	<.oo5	<.oo5	19.5o	Rest	9.5o			1.5o	3.oo		B <.o1
1o	AMS 4917	TiV13Cr11Al3	≦.o5					11.2			13.8		3.2o	Rest		Fe ≦.3o
11	2.4969	NiCr 2o Co 18 Ti	.o7					19.5o	6o.1o				1.5o	2.4o	16.51	
12	2.4973	NiCr 19 CoMo														
13	AMS 4918	Ti Al6V6Sn2	.o1o								5.61	Sn 2.11	5.4o	Rest	Cu .48	Fe .5o

Tabelle 1 Zusammenstellung aller untersuchten Werkstoffe und ihre chemische Zusammensetzung

Werkstoff Nr.	Kurzbezeichnung nach DIN	Zugfestigkeit N/mm^2	Magnetisierbarkeit Gauß/Oersted	M* G·cm^3·kp^{-1}	Schmiedbarkeit	Bearbeitbarkeit	Wärmebehandlungszustand
1.3948	X 3 CrNiMnMoN 18 13	7oo - 9oo	1,oo25	o,46 · 1o^{-2}	gut	mäßig	Abgeschr.
1.3952	X 4 CrNiMoN 18 14	6oo - 8oo	1,oo53	o,18 · 1o^{-2}	gut	mäßig	Abgeschr.
1.4429	X 2 CrNiMoN 18 13	6oo - 8oo	1,oo35	o,28 · 1o^{-2}	gut	mäßig	Abgeschr.
1.3947	X 5o CrMnNiV 22 9	1o5o-125o	1,oo12	o,17 · 1o^{-2}	gut	mäßig	Lös. + Ausg.
1.4429	X 2 CrNiMoN 18 14	6oo - 8oo	1,oo35	o,17 · 1o^{-2}	gut	mäßig	Abgeschr.
1.3999	X 7o NiMnCrV 12 5	1ooo-12oo	1,oo45	o,5o · 1o^{-2}	mäßig	schlecht	Lös. + Ausg.
1.3974	X 3 CrNiMnMo 23 17	85o -1o5o	1,oo22	o,1o · 1o^{-2}	gut	mäßig	Abgeschr.
1.3964	X 3 CrNiMnMo 19 17	7oo - 9oo	1,oo31	o,15 · 1o^{-2}	gut	mäßig	Abgeschr.
2.4973	Ni Cr 19 CoMo	12oo-135o	1,ooo5	< o,o3 · 1o^{-2}	schlecht	mäßig	Lös. + Ausg.
AMS 4917	TiV13Cr11Al3	> 115o	1,ooo2	< o,o6 · 1o^{-2}	gut	gut	Lös. + Ausg.
2.4969	NiCr 2o Co 18 Ti	> 11oo	1,oo11	< o,31 · 1o^{-2}	schlecht	mäßig	Lös. + Ausg.
2.4973	NiCr 19 CoMo	12oo-135o	1,ooo6	< o,31 · 1o^{-2}	schlecht	mäßig	Lös. + Ausg.
AMS 4918	Ti Al6V6Sn2	> 125o	1,ooo14	< o,57 · 1o^{-2}	gut	gut	Lös. + Ausg.

Tabelle 2 Beurteilung der untersuchten Werkstoffe bezüglich ihrer Eignung für die Herstellung von Handwerkzeugen

5. Herstellung von Werkzeugen

Aus den beiden vorab genannten Werkstoffen wurden folgende Handwerkzeuge hergestellt:

Zangen

Kombizangen nach DIN 5244 (58), Länge 19o mm
Flachrundzangen nach DIN 5236 (59), Form A, Länge 2oo mm

Schraubenschlüssel

Maulringschlüssel nach DIN 3113 (6o), Blatt 1, Form AK
Schlüsselweiten s = 13, 17 und 22 mm

Schraubendreher

Schraubendreher für Gewindestifte nach DIN 5263 (124)
1,o x 8,o mm   o,8 x 6,o mm   o,5 x 4,o mm

In verschiedenen Veröffentlichungen wird immer wieder darauf hingewiesen, daß bei der Herstellung von Schmiedestücken aus Titan oder Titanlegierungen besondere Gesichtspunkte zu beachten sind. Da diese Werkstoffe im Gesenk schwerer "steigen" als z.B. die üblichen Baustähle, sollen kleine Radien, schroffe Durchmesseränderungen und komplizierte Formen nach Möglichkeit vermieden werden. Das hohe Reibungsverhältnis zwischen Werkstück und Gesenk macht besondere Gegenmaßnahmen bezüglich der Oberflächenbeschaffenheit der Umformwerkzeuge erforderlich.

Die vergleichsweise niedere Umformtemperatur und der durch die unterschiedliche Gefügestruktur grundsätzlich höhere Umformwiderstand im Vergleich zu Stahl erfordern leistungsfähige Umformmaschinen.

Ferner steigt der Umformwiderstand bei höheren Umformgeschwindigkeiten an, d.h., für das Schmieden von Titan und Titanlegierungen eignen sich Pressen wesentlich besser als Hämmer.

Aus diesen Tatsachen ergeben sich folgende Forderungen für eine erfolgreiche Umformung von Titan und Titanlegierungen:

Schmiedestücke aus Titan und Titanlegierungen sollten stets in einem speziell dafür angefertigten Gesenk geschmiedet werden und nicht in einem "Stahlgesenk" (wobei damit natürlich immer ein Gesenk für Stahl gemeint ist). Dieses Werkzeug müßte eine möglichst glatte - polierte - Oberfläche aufweisen und dürfte nur große Radien und einfache Übergänge besitzen. Ferner sollten durch konstruktive Veränderungen der Rohlingsgeometrie krasse Volumenunterschiede im Werkstück und schwierige Formen nach Möglichkeit vermieden werden. Als Umformmaschinen sollten möglichst starke Schmiedepressen gewählt werden (61-78).

Nun lassen sich alle diese Wünsche eventuell bei der Herstellung von Teilen in einer Großserienfertigung verwirklichen - bei kleinen Stückzahlen sind derartige mit hohen Investitionskosten verbundene Bedingungen kaum wirtschaftlich zu vertreten.

Da die Aussichten auf Großaufträge in der Werkzeugindustrie für die Herstellung von Handwerkzeugen aus Titan und Titanlegierungen von vornherein sehr gering sind, wurde auf alle diese Anforderungen grundsätzlich verzichtet und diejenigen Schmiedegesenke verwendet, die auch bei der Schmiedung von Werkzeugrohlingen aus Stahl (z.B. C 45) eingesetzt werden.

Die Schmiedeversuche erfolgten ferner unter den üblicherweise zur Verfügung stehenden Riemenfallhämmern und ölhydraulischen Fallhämmern mit hohen Umformgeschwindigkeiten, so daß man mit Recht behaupten kann, daß alle vorab genannten Voraussetzungen für eine erfolgreiche Herstellung von Titanwerkzeugen mißachtet worden sind.

Die weiteren Ausführungen könnten also folgendermaßen beschrieben werden: Wie man Titanlegierungen nicht behandeln sollte - aber unter Berücksichtigung bestimmter Gesichtspunkte trotzdem behandeln kann.

Nur auf diese Weise halten wir es für möglich, daß sich auch kleine und mittelständische Unternehmen mit der Lösung derartiger Werkstoffprobleme befassen.

Eine ausführliche Beschreibung der einzelnen Arbeitsgänge erfolgt in den nachstehenden Abschnitten jeweils getrennt nach den beiden Werkstoffen:

5.1 Titanlegierung Ti Al6V6Sn2 (Werkstoff-Nr. 3.7174) und
5.2 Stahl X 5o CrMnNiV 22 9 (Werkstoff-Nr. 1.3947).

5.1 Titanlegierung Ti Al6V6Sn2 (Werkstoff-Nr. 3.7174)

5.1.1 Vormaterial

Je nach Ausgangsform des eingesetzten Vormaterials kann man beim Gesenkschmieden allgemein unterscheiden in

Schmieden von der Stange
vom Stück
vom Spaltstück.

Obwohl zwischen dem Abscheren eines Knüppels ("Stück") und dem Abscheren eines vorgeformten Abschnittes aus einem Flachstahl ("Spaltstück") im Prinzip kein wesentlicher Unterschied besteht, hat sich das "Spalten" besonders in der Werkzeugindustrie bei der Fertigung von Schraubenschlüsseln und Zangen als spezielle Ausgangsoperation vor dem Gesenkschmieden allgemein durchgesetzt. Der Vorteil dieser Methode liegt darin, daß einmal recht wirtschaftlich ohne großen Materialverlust von einem Flach- oder Bandstahl ausgegangen werden kann, zum anderen können die starken Volumenunterschiede des Rohlings durch diesen Formschnitt vorteilhaft berücksichtigt werden (79).

Das Spalten des Stahles erfolgt im allgemeinen in kaltem Zustand; die Dicke des Vormaterials kann zwischen 4 und 2o mm, seine Breite zwischen 1oo und 3oo mm liegen.

Für die in dieser Aufgabe zu schmiedenden Werkzeuge wären folgende Vormaterialabmessungen zum "Spalten" der Rohlinge erforderlich gewesen:

Schraubenschlüssel s = 13 mm: 8o x 8 mm
s = 17 mm: 19o x 9 mm (Doppelgravur)
s = 22 mm: 13o x 1o mm

Zangen	Kombizange	lo mm
	Flachrundzange	8 mm

Aus diesen Angaben ist ersichtlich, welche Vielzahl verschiedener Vormaterial-Abmessungen für die geplanten Versuche erforderlich waren. Legt man je anzufertigendem Werkzeug eine Zahl von 2o Stück zugrunde, wäre der Materialbedarf für jede einzelne Sorte außergewöhnlich gering gewesen.
Bei den handelsüblichen Werkstoffen hätte die Beschaffung dieses Materials unüberwindbare Schwierigkeiten nicht bereitet.

Die beiden Legierungen Ti Al6V6Sn2 und X 5o CrMnNiV 22 9 waren als Flachmaterial in den hier benötigten Mengen jedoch nicht zu erhalten. Der Anwendungsbereich dieser Werkstoffe hat sich offensichtlich bisher auf andere Lieferformen beschränkt. Es mußten im vorliegenden Fall also andere Wege beschritten werden, um die für das entsprechende Gesenk benötigte Vorform zu erhalten:

So wurde die Titanlegierung Ti Al6V6Sn2 in den handelsüblichen Abmessungen 9o mm ⌀ und 5o mm ⌀ bezogen; die Oberfläche des Materials war überschliffen. Nach dem Unterteilen dieser Knüppel in entsprechend lange Stücke wurden diese Blöcke auf einer elektrohydraulischen Bügelsäge (Kasto-Höchstleistungs-Schnellsägemaschine Typ EBS 32o U) längs in flache Platten gesägt. Dabei wurden HSS-Sägeblätter der Abmessungen 575 x 52 x 2,5 mm verwendet, die 4 Zähne pro Zoll besaßen.

Die Zerspanung erfolgte ohne Kühlmittel mit 4o Hüben/min. Nach einer Leistung von ca. 15o ooo mm^3 war das Sägeblatt stumpf und mußte vom Hersteller nachgeschärft werden.

Jeweils lo gleiche Platten wurden dann miteinander verklebt und eine der Form des gewünschten Spaltstückes entsprechende Schablone auf dem oberen Teil angebracht. Auf einer Klopp-Waagerecht-Schnellhobelmaschine Typ 55o wurden die Maße der einzelnen Rohlinge unter folgenden Bedingungen herausgearbeitet: Schnittgeschwindigkeit 18 bis 22 m/min, Vorschub o,2 mm. Als Werkzeug wurde ein HSS-Spitzstahl mit 8o^{o} Spitzenwinkel, lo^{o} Spanwinkel, 8° Freiwinkel und o,5 mm Spitzenradius benutzt.

Die Bilder 1 - 5 zeigen die Abmessungen der einzelnen Vormaterialteile. Bei den Zangen wurde für deren rechte und linke Seite nur jeweils das gleiche "Spaltstück" hergestellt und im Doppelgesenk spiegelbildlich versetzt von zwei Seiten geschmiedet.

Dieses Verfahren ist allgemein gesehen sicherlich sehr unwirtschaftlich und für eine Serienfertigung gänzlich ungeeignet. Für die vorliegende Versuchsserie mit Stückzahlen von 2o Stück/Gesenk war dieses Vorgehen jedoch durchaus vertretbar.

Bei einer Glühfestigkeit von > 1ooo N/mm^2 im Anlieferungszustand der Titanlegierung Ti Al6V6Sn2 erhebt sich grundsätzlich die Frage, ob man dieses Material in kaltem Zustand ohne Rißbildung scheren kann. Falls dabei Risse an den Scherkanten auftreten, sollte versucht werden, das Material anzuwärmen.

Die chemische Zusammensetzung der verwendeten Titanlegierung lautet gemäß Werkstattest des Lieferanten in %:

Fe	C	O_2	N_2	H_2	Al
o,68	o,o22	< o,2o	o,oo9	< o,o125	5,6
V	Sn	Ti	Cu		
5,6	2,o	Rest	o,64		

Die am ungeglühten Vormaterial gemessene Festigkeit beträgt 376 bis 41o HV$_{1o}$ (entsprechend 11oo bis 12oo N/mm^2).
Bild 6 zeigt die Gefügeausbildung des Werkstoffes : Es handelt sich um sehr groblamellares $\alpha + \beta$ - Gefüge.

Die Umrechnung von Härtewerten in Zugfestigkeitswerte erfolgt bei Titan und Titanlegierungen auf andere Weise als in DIN 5o 15o angegeben; letztere gilt nur für Stahl.

Bei Umrechnung von der Brinellhärte weichen die Vergleichskurven um etwa 1o bis 15 Einheiten zu höheren Härtewerten hin ab, bei Umrechnung von der Vickershärte um etwa 3o Einheiten zu höheren Härtewerten (8o).

Härtemessungen sind bei Titan und Titanlegierungen stets unter gewissen Vorbehalten auszuwerten. Die Orientierung der Kristalle macht sich dabei stark bemerkbar, so daß deutliche Streuungen an ein und derselben Probe beobachtet werden können. Besonders bei der Kleinlasthärteprüfung treten diese Abweichungen wegen der geringen Größe des Eindruckes bevorzugt auf. Zu berücksichtigen ist darüberhinaus die Beschaffenheit der Oberfläche (Verfestigung) und die Prüfdauer (Kriechen) (22).

Die im folgenden für Ti Al6V6Sn2 angegebenen Härtewerte müssen daher stets als "Circa-Werte" aufgefaßt werden.

Für Schraubendreher wurde geschältes Rundmaterial der Abmessungen 4,5, 6,5 und 8,5 mm Durchmesser eingesetzt. Die chemische Zusammensetzung war die gleiche wie vorab für das Vierkantmaterial angegeben.

5.1.2 Schmieden

Für alle Schmiedeversuche stand ein elektrisch beheizter Kammerofen der Abmessungen 35o x 75o x 25o mm und einer Leistung von 18 kW zur Verfügung. Der Ofen war leicht zu transportieren und konnte daher stets sehr nahe an die Umformmaschine herangestellt werden.

Die Vormaterial-Teile wurden vor dem Erwärmen in eine Glasemulsion eingetaucht, die nach dem Trocknen einen dicken ununterbrochenen Film auf dem Material hinterließ.

Die verwendete Glassorte muß den erforderlichen Schmiedetemperaturen angepaßt sein: Bei maximaler Schmiedetemperatur darf der Film sich nicht so stark verflüssigen, daß er abtropft und die zusammenhängende Schutzschicht unterbricht. Bei Schmiedeendtemperatur darf der Überzug dagegen nicht so fest sein, daß er nach dem Schmieden Eindrücke oder Markierungen auf dem Schmiederohling hinterläßt. Der Glasfilm hat einmal die Aufgabe, die Oberfläche des Vormateriales vor den Ofengasen zu schützen, da Titan und seine Legierungen eine starke Reaktionsfreudigkeit mit den Bestandteilen atmosphärischer Gase besitzt (12, 16, 22, 37, 7o, 72).

So dringt in ungeschützte Oberflächen bei erhöhten Temperaturen stets in die äußersten Schichten Sauerstoff ein, während das hohe Diffusionsvermögen von Wasserstoff bei Temperaturen oberhalb 7oo^{o} C noch tiefere Bereiche des Materials erfaßt (136).

Die Anwesenheit beider Gase im Werkstoff kann die mechanischen Eigenschaften der Werkstücke im Endzustand vermindern, zur Oberflächenversprödung führen oder das Umformverhalten verschlechtern. Aus diesen Gründen muß beim Erwärmen von Titan oder seinen Legierungen ganz allgemein darauf geachtet werden, daß die Kontaktzeiten zwischen der Werkstoffoberfläche und diesen Gasen möglichst gering sind.

Man kann dies einmal durch kurze Liegezeiten auf hoher Temperatur nach entsprechender Vorwärmung erreichen, durch gesteuerte Ofenatmosphäre bzw. Schutzgas oder, wie im vorliegenden Fall, durch eine Glasemulsion. Statt letzterer sind auch metallische oder keramische Überzüge anwendbar.

Beim Schmieden sollte stets ein elektrisch beheizter Ofen einem Gasofen vorgezogen werden; besteht diese Möglichkeit nicht, muß die Erwärmung der Teile auf jeden Fall in einer Muffel, also "indirekt" vorgenommen werden.

Der Glasüberzug dient ferner als Schmiermittel während des Gesenkschmiedens.

Die Umformtemperatur richtet sich nach der Art der Titanwerkstoffe, die gemäß den im Gefüge anzutreffenden Phasen in 3 Gruppen eingeteilt werden können:

Die hexagonale α-Phase bei Reintitan bis bestimmten Temperaturen, die kubisch-raumzentrierte ß-Phase oberhalb dieser Grenze und die $\alpha + \beta$ -Phase, die besonders oft bei den technisch wichtigen Legierungen anzutreffen ist. An dieser Stelle soll auf die Unterschiede dieser verschiedenen Phasen bzw. der Werkstoffe nicht näher eingegangen, sondern nur festgestellt werden, daß die bei den vorliegenden Versuchen eingesetzte Legierung Ti Al6V6Sn2 zur Gruppe der $\alpha + \beta$ - Legierungen zu rechnen ist.

Das heißt, daß die Umformung im Gesenk stets unterhalb der $\alpha/\beta+\beta$ - Phasengrenzlinie erfolgen muß, wenn man eine möglichst feine und gleichmäßige Gefügeausbildung erreichen will. Bei einer Phasenumwandlungstemperatur der Legierung Ti Al6V6Sn2 von 935° C (± 15° C infolge verschiedener Chargeneinflüsse) ergibt sich eine obere Schmiedegrenztemperatur von 920° C.

Nach unten wird die Schmiedetemperatur durch den bei fallender Temperatur stark ansteigenden Umformwiderstand des Werkstoffes begrenzt, durch den vor allem beim Gesenkschmieden ein Fließen des Materials verhindert wird. Dies gilt besonders dann, wenn das Teil bereits einen starken Grat besitzt, der infolge seiner geringen Dicke sehr schnell abkühlt. Wird man daher gezwungen, den angeschmiedeten Rohling nochmals nachzuwärmen, muß darauf geachtet werden, daß diese Temperatur stets unterhalb der Temperatur der vorhergegangenen Umformung liegt und beim Fertigschmieden ein Umformgrad von mind. 30 %, besser ca. 50 %, eingehalten wird. Nur so kann ein grobkörniges Gefüge in Widmannstättenstruktur sicher vermieden werden (12, 13, 17, 68, 70, 72, 131).

Der Bereich der zur Verfügung stehenden Schmiedetemperaturen betrug im vorliegenden Fall also 920° C bis ca. 850° C. Die Erwärmung auf 920° C erfolgte ohne Vorwärmung, da das Vormaterial eine Dicke von nur max. 10 mm aufwies. Die Liegezeit im Ofen betrug 30 min.

Kombizange

Die Schmiedung erfolgte unter einem ölhydraulischen Hammer (Bauart Lasco) von 1250 kp Bärgewicht (Bild 7).

Es wurden ausgeschmiedete Gesenke der normalen Fertigung verwendet, bei denen einmal die Kanten der Gravur durch den vorhergegangenen Einsatz stark abgerundet und zum anderen die Gratbahn recht rauh ausgebildet war. Eine solche "Gratbremse" verhindert das unbehinderte Fließen des Werkstoffes in die Gratbahn und fördert so das Steigen des Materials in der Form. Die Gesenke waren mittels gasbeheizten Strahlern auf etwa 80° C vorgewärmt worden.

Folgender Arbeitsablauf wurde eingehalten:

1. Vorbiegen im Biegeteil des Gesenkes, 1 Schlag aus halber Höhe (o,5 m)
2. Schmieden in der Vorschmiedeform, 3 Schläge aus halber Höhe (o,5 m)
3. Nachwärmen - 5 min - auf ca. 88o^{o} C
4. Schmieden in der Fertigform, 1 Schlag aus voller Höhe (1 m)
5. Ablegen an Luft

Flachrundzange

Bedingt durch die im Vergleich mit der Kombizange einfachere Gestalt dieses Rohlings konnte hierbei unter sonst gleichen Verhältnissen wie bei der Fertigung der Kombizange ohne Nachwärmen gearbeitet werden:

1. Vorbiegen im Biegeteil des Gesenkes, 1 Schlag aus halber Höhe (Bild 8) (o,5 m)
2. Schmieden in der Vorschmiedeform, 2 Schläge aus halber Höhe (o,5 m)
3. Schmieden in der Fertigform, 1 Schlag aus voller Höhe (1m)
4. Ablegen an Luft

Bei beiden Zangensorten werden die einzelnen Zangenhälften normalerweise hintereinander liegend in einem Arbeitsgang von einem einzigen Spaltstück hergestellt. Wegen der hier abweichenden Art und Weise bei der "Spaltstück"-Fertigung durch Sägen und Hobeln wurden bei den vorliegenden Versuchen stets nur einzelne Rohlinge geschmiedet und das Vormaterial einmal von der normalen Arbeitsseite und einmal von der Rückseite des Hammers in das Gesenk eingelegt.

Ein zusätzliches Schmiermittel außer der aufgebrachten Glasemulsion wurde nicht verwendet.

Schraubenschlüssel

Alle Schraubenschlüssel konnten ohne Nachwärmen gefertigt werden. Auch bei diesen Werkzeugen wurden ausgeschmiedete Gesenke der normalen Fertigung verwendet. Die Temperatur der Gesenke betrug nach dem Anwärmen ca. 8o^{o} C. Zusätzliche Schmiermittel wurden nicht eingesetzt. Bei den einzelnen Schlüsselsorten sind folgende Arbeitsgänge eingehalten worden:

Schlüsselweite 13 mm

1. Vorbiegen im Biegeteil des Gesenkes, 1 Schlag aus 5o-8o cm Höhe
2. Schmieden in der Fertigform, 5 bis 6 Schläge aus 1 m Höhe
3. Ablegen an Luft

Die Schmiedung erfolgte an einem Riemenfallhammer mit 6oo kp Bärgewicht.

Schlüsselweite 17 mm

1. Vorbiegen im Biegeteil des Gesenkes, 1 Schlag aus 5o-8o cm Höhe
2. Schmieden in der Vorform, 1 Schlag aus halber Höhe (5o cm) (Bild 9)
3. Schmieden in der Fertigform, 2 Schläge aus voller Höhe (1 m)
4. Ablegen an Luft

Für die Schmiedung stand ein ölhydraulischer Hammer (Bauart Lasco) mit einer Leistung von 165o mkp zur Verfügung.

Schlüsselweite 22 mm

1. Vorbiegen im Biegeteil des Gesenkes, 1 Schlag aus 5o cm Höhe
2. Schmieden in der Vorform, 2 Schläge aus halber Höhe (5o cm)
3. Schmieden in der Fertigform, 2 Schläge aus voller Höhe (1m)
4. Ablegen an Luft

Die Schmiedung erfolgte wie vorher beschrieben ebenfalls unter einem 165o mkp - ölhydraulischen Hammer (Bauart Lasco)

Zu diesen Schmiedeversuchen mit der Titanlegierung Ti Al6V6Sn2 sind zusammenfassend für alle Werkzeuge folgende Hinweise zu geben:

Die Ofentemperatur betrug zwar 92o° C, doch kann als Schmiedeanfangstemperatur ca. 9oo° C angesehen werden, da vom Ziehen des Vormaterials bis zum ersten Hammerschlag stets einige Sekunden verstreichen. Diese beiden Werte sollten beim Umformen der Titanlegierung Ti Al6V6Sn2 sehr genau eingehalten werden.

Wie empfindlich der Werkstoff auf Fehler bei der Erwärmung reagiert, zeigt Bild lo. Das Vormaterial hatte die Schmiedeanfangstemperatur zwar an der Oberfläche erreicht, doch die Liegezeit für eine ausreichende Erwärmung des Kernes war zu gering. Das Teil brach nach einem leichten Schlag im Biegegesenk auseinander - es wurde "zerschmiedet".

Beim Umformen im Biegegesenk ist darauf zu achten, daß nur die gewünschte Vorform hergestellt wird und keine weitere Umformung (z.B. Stauchen) auftritt; die Hammerschläge sind dabei sehr fein zu dosieren.

Es empfiehlt sich, den zu erwartenden Arbeitsablauf vorab mit einer Probe aus Stahl durchzuspielen und den dabei hergestellten Rohling zu kontrollieren. Man kann auf diese Weise verhindern, daß teures Titanvormaterial nutzlos für das Einstellen des Hammers oder zur Festlegung des Schmiedeablaufes verwendet wird.

Die im vorhergehenden beschriebenen Arbeitsabläufe ergaben sich erst nach einigen Versuchen und nach einer gewissen Einarbeitung der Mitarbeiter.

Man geht nämlich bei Beginn von Schmiedeversuchen zur Vermeidung von unnötigem Ausfall besser so vor, daß man zuerst nach jedem einzelnen Schlag den Rohling optisch kontrolliert (Risse, Stiche, Form) und dann erst - falls notwendig nach erneuter Erwärmung - den nächsten Schlag aufbringt.

Treten bei dieser Methode keine Fehler auf, wird die Kontrolle zunächst nach jedem zweiten, dann nach jedem dritten Schlag durchgeführt - bis schließlich der "ideale" Arbeitsablauf und -rhythmus gefunden worden ist.

Auf eine weitere Schwierigkeit, die besonders beim Schmieden von Titanlegierungen unter dem Hammer - also ganz allgemein bei hohen Umformgeschwindigkeiten auftritt - sei im folgenden hingewiesen:

Auf die Gefahr zu starker Eigenerwärmung des Werkstückes während des Umformens (68).

Titan und seine Legierungen besitzen im Vergleich zu Stahl eine sehr schlechte Wärmeleitfähigkeit - deshalb muß beim Erwärmen von Teilen mit großen Querschnitten mit Vorwärmestufen gearbeitet werden.

Ti Al6V6Sn2:	o,o17 cal/cm . s . °C (bei 2o°C)	(18, 19)
Stahl:	ca.o,12 cal/cm . s . °C (bei 2o°C)	(24, 26)

Diese Tatsache hat zur Folge, daß die bei der Umformung entstehende Wärme sich nicht so schnell über das Werkstück verteilen kann wie beispielsweise bei üblichen Baustählen. Besonders an Stellen mit hohen Umformgraden kann es zu örtlichen Überhitzungen kommen, die die erlaubten Schmiedetemperaturen bei weitem überschreiten. Die Folgen davon sind nicht nur grobes Korn sondern auch Materialtrennungen.

Im vorliegenden Fall trat die Eigenerwärmung immer dann auf, wenn die Rohlinge ohne Nachwärmung geschmiedet wurden. Zwischen den einzelnen Hammerschlägen wurde dann stets eine Pause von 3 bis 5 s eingelegt, während der ein Temperaturausgleich im Werkstück erfolgen konnte.
Die Bilder11-15 zeigen die Werkzeugrohlinge nach dem Schmieden, d.h., mit Grat und ungebeizt. Wie wichtig es ist, daß der Werkstoff während des Schmiedens einwandfrei "steigt" und die Gravur vollkommen ausfüllt, ist Bild 16 zu entnehmen; das zusätzliche Bild 11 veranschaulicht, wie kompliziert nach Form und Massenverteilung der Rohling z.B. der Kombizange ausgebildet ist.

Schraubendreher

Während die Fertigung von Schraubendreherklingen früher ebenfalls in Schmiedegesenken durch Warmumformung des Schneidenteiles erfolgte, werden diese Werkzeuge heute allgemein in automatischen Schmiedemaschinen im warmen oder kalten Zustand hergestellt.

Die Schmiedeversuche mit dem Werkstoff Ti Al6V6Sn2 wurden auf einer Rotationsschmiedemaschine (Bauart Stevens Bullivant) durchgeführt.

Die Erwärmung des Vormateriales erfolgte partiell an den Spitzen in einem Bereich von ca. 5o mm; es wurde dazu ein gasbeheizter Ofen benutzt und der Werkstoff durch eine Muffel vor den Flammen geschützt. Zum Schmieden wählte man die schnellste Vorschub- und kürzeste Schmiedezeit der Maschine.

Mit dieser Methode gelang es nicht, auch nur eine einzige Schneide herzustellen: Alle Proben waren nach dem Versuch gerissen oder zerbröckelt. Der Grund für diese Fehler ist ganz allgemein in der Tatsache zu suchen, daß die Temperatur im Augenblick der Umformung zu niedrig war: Die Zeit vom "Ziehen" des Vormaterials aus dem Ofen bis zum Beginn der Umformung war zu lang.

Außerdem konnten die paarweise angeordneten unzugänglichen Hämmer nicht vorgewärmt werden: Der Werkstoff kühlte infolge seines geringen Volumens sehr schnell ab.

Da der Temperaturverlauf nach Einfahren des Vormateriales zwischen die Hämmer nicht mehr optisch kontrolliert werden konnte, entfiel die Möglichkeit , den Umformvorgang rechtzeitig abzubrechen, wenn die Schmiedeendtemperatur erreicht war; außerdem ließ die Steuerung der hier eingesetzten Maschine eine vorzeitige Beendigung des Programmes nicht zu.

Dieses Herstellungsverfahren ist also für die Fertigung von Schraubendrehern aus Titan nicht geeignet, da dabei keine der bereits beschriebenen Forderungen für eine erfolgreiche Schmiedung dieses Materials erfüllt wird.

Das Entfernen des Schmiedegrates kann allgemein sowohl im warmen Zustand sofort nach dem Schmieden erfolgen als auch nach dem Abkühlen des Materials im kalten Zustand. Bei Teilen aus Titan oder Titanlegierungen sollte nach Möglichkeit warm entgratet werden, da diese Werkstoffe einen stark von Stahl abweichenden Wärmeausdehnungskoeffizienten besitzen:

Baustahl	$13{,}5 \cdot 10^{-6}$ grd^{-1}	(20° bis 400°C)	(26)
Ti Al6V6Sn2	$9{,}4 \cdot 10^{-6}$ grd^{-1}	(20° bis 400°C)	(18, 19)

Diese Tatsache hat zur Folge, daß die in einem Gesenk für Stahl geschmiedeten Rohlinge aus Titan in einen für Stahl ausgelegten Kaltschnitt nicht hineinpassen, weil ihre Abmessungen nach dem Abkühlen auf Raumtemperatur zu groß sind (57).

Während man bei Baustahl nach dem Erkalten aus der Schmiedehitze mit einem Schwindmaß von 1,1 bis 1,5% rechnen kann (3o), beträgt dieser Wert bei Titan ca. o,8%.

Dieser geringe Schwund der Rohlinge muß stets beachtet werden, wenn keine Sondergesenke verwendet werden, die diese Tatsache durch Änderung der Maße berücksichtigen. Die Rohlinge aus Titanlegierungen sind nach dem Erkalten von Schmiedetemperatur stets dicker und größer als Rohlinge aus Stahl.

Die Auswirkung des stark von Stahl abweichenden Ausdehnungskoeffizienten zeigt sich in der Praxis recht deutlich, wenn beim Schmieden sog. "Kleber" im Gesenk hängen bleiben: Beim Kaltblasen mittels Preßluft fällt das Stahlteil oft ohne Hilfe aus dem Gesenk heraus - bei Teilen aus Titanlegierungen tritt dieser Effekt sehr selten auf.

Da in der Werkzeugindustrie das Entgraten der Schmiederohlinge im allgemeinen durch Kaltschnitt vorgenommen wird, konnte dieses Verfahren aus den genannten Gründen hier nicht angewandt werden.

Der Grat der Zangen- und Schlüsselrohlinge aus Ti Al6V6Sn2 wurde im vorliegenden Fall mit Hilfe einer Schmelzbandsäge abgesägt. Dieses Verfahren arbeitet bei geringen Stückzahlen sehr wirtschaftlich, da dabei auf die Anfertigung von teuren Schnittplatten verzichtet und die Maschine sehr universell eingesetzt werden kann. Voraussetzung dazu ist jedoch eine gewisse Fingerfertigkeit und Übung der Bedienungsperson.

Das Sägeblatt besaß eine Breite von 8 mm und eine Dicke von 1 mm. Die Teilung der Zähne betrug 2 mm ; die Schnittgeschwindigkeit belief sich auf 45 ms^{-1}.

Nach dem Schmieden wurden alle nun gratfreien Schraubenschlüssel und Zangen zunächst gebeizt. Dieser Arbeitsgang ist einmal notwendig, um die Reste der Glasemulsion zu entfernen, die sich sonst bei der folgenden Wärmebehandlung in die Oberfläche einbrennen. Zum anderen wird eine eventuell trotz Schutzüberzug eingetretene Oxydation der Oberfläche abgetragen, die bei der Bearbeitung zu erhöhtem Verschleiß der Werkzeuge führen kann. Darüberhinaus ist erst dann eine optische Kontrolle der Rohlinge auf vorhandene Schmiedefehler möglich. (132)

Die Beize muß möglichst frei von Wasserstoff sein; es ist folgende Zusammensetzung des Bades zu empfehlen: 25% Salpetersäure, 4% Flußsäure. Die Dauer der Behandlung sollte ca. 5 - 6 min betragen, die Badtemperatur bei ca. 5o° C (4o - 6o° C) liegen (18, 19).

Vor dem Beizen müssen die Teile entfettet und gespült werden. Je nachdem, ob nur die Oberfläche der Rohlinge zur Sichtkontrolle gereinigt werden soll oder ob eine Oxydschicht entfernt werden soll, spricht man vom Sichtbeizen oder vom Dickenbeizen; beide Verfahren unterscheiden sich nur in der Tauchzeit bzw. in der Menge des Abtrages voneinander.

Nach dem Beizen der Werkzeugrohlinge zeigten sich an einer großen Anzahl von Werkzeugen feine Werkstoff-Überlappungen. Diese Schmiedefehler wurden durch Schleifen von Hand entfernt.

Um diese Fehler beim Schmieden zu vermeiden, sollte der Ablauf der Fertigung nach dem Vorschmieden unterbrochen, die erkalteten Teile sichtgebeizt, kontrolliert und eventuell durch Schleifen nachgearbeitet werden. Der vorhandene Schmiedegrat kann bereits an dieser Stelle entfernt werden. Erst danach wird im Fertiggesenk die endgültige Form geschlagen.

5.1.3 Mechanische Bearbeitung und Wärmebehandlung

Alle Werkzeuge wurden zunächst zur Stabilisierung des Gefüges 8 h lang bei einer Temperatur von 65o° C in einem elektrischen Kammerofen in geschlossenen Kästen unter reinem Argon geglüht. Die Abkühlung erfolgte an Luft.

Die Härte verminderte sich nach dieser Behandlung von 376 HV_{1o} (umgerechnet 11oo N/mm^2) im Schmiedezustand auf 358 HV_{1o}, was einer Festigkeit von ca. 1ooo N/mm^2 entspricht. Die Bilder 17 bis 2o zeigen die Gefügeausbildung der Proben vor (Schmiedezustand,Bild 17) und nach der Glühung (Bild 18 - 2o). Im Schmiedezustand (Bild 17) liegt nadelige α-Phase in α+β-Umwandlungsgefüge vor; auf den ehemaligen β-Korngrenzen sind α-Ausscheidungen zu erkennen. Diese Struktur läßt auf eine Überschreitung der α/β -Phasengrenztemperatur an dieser Stelle des Rohlinges schließen.

Nach dem Glühen besteht das Gefüge aus globularer und lamellarer primärer α-Phase in spitzlamellarem α + β-Umwandlungsgefüge (Bild 18-2o). Der α-Anteil ist dabei teils gleichmäßig, teils ungleichmäßig verteilt.

Die lange Zeit der Glühung, die bei diesen Versuchen gewählt worden ist, kann auf 1 bis 2 h herabgesetzt werden, ohne daß sich wesentliche Nachteile einstellen. Dadurch wird eine nicht unbedeutende Kostenersparnis erreicht.

Zur mechanischen Bearbeitung wurden die Schmiederohlinge dann bei 87o^{o} C im elektrischen Kammerofen 1 h lang unter Argon lösungsgeglüht; die Abkühlung erfolgte an Luft.

Die gemessene Härte verringert sich nochmals von 358 HV_{1o} auf ca. 33o HV_{1o}. Diesem Wert kann eine Festigkeit von ca. 95o N/mm^2 zugeordnet werden. Die Gefügeausbildung der Proben ist in den Bildern 21-23 zu erkennen. Lamellare und globulare α -Phase ist eingebettet in eine feinkörnige Matrix aus α/β -Bestandteil.

Da beide Wärmebehandlungsverfahren unter reinem Argon in geschlossenen Kästen vorgenommen worden sind, war visuell keine Beeinflussung der Oberfläche zu erkennen; alle Teile hatten sich ausschließlich leicht dunkel gefärbt.

Vergleicht man die Angaben, die für die Bearbeitung von Titan und seinen Legierungen an verschiedenen Stellen gemacht werden, so kann man feststellen, daß die dort angegebenen Werte oft stark voneinander abweichen (12, 18, 19, 22, 38, 49, 51-56).

Diese Feststellung bezieht sich sowohl auf die Geometrie der vorgeschlagenen Werkzeuge (Spanwinkel, Freiwinkel usw.) als auch auf die empfohlenen Arbeitsbedingungen (Schnittgeschwindigkeit, Vorschubgeschwindigkeit usw.).

Dabei ist jedoch zu berücksichtigen, daß sich sehr schnell neue Erkenntnisse in der Technik durchsetzen, die sich einmal auf den Zerspanungsvorgang beziehen können, zum anderen auch auf den Zerspanwerkstoff, also z.B. auf verbesserte Hartmetallsorten. Außerdem ist es wie bereits erwähnt sehr schwierig, bei Bearbeitungsversuchen alle Randbedingungen stets so gleich zu halten, daß die Ergebnisse verschiedener Untersuchungen miteinander verglichen werden können. Aus diesen Gründen fallen für einen bestimmten Arbeitsgang oft unterschiedliche Empfehlungen an.

Im folgenden soll nun beschrieben werden, auf welche Art und Weise die geschmiedeten Werkzeuge weiterbearbeitet worden sind. Bei diesen Angaben handelt es sich in keinem Falle um optimale Werte - eine Untersuchung zu diesem Zweck war nicht Ziel der vorliegenden Forschungsaufgabe.

So werden sich sicherlich für eine wirtschaftliche Fertigung dieser Teile in manchen Fällen wesentlich günstigere Bearbeitungsbedingungen finden lassen als sie an dieser Stelle beschrieben werden.

Hier soll zunächst einmal nur gezeigt werden, unter welchen Bedingungen man bei Verwendung der üblichen, für die Bearbeitung von Stahl ausgelegten Werkzeuge und Einrichtungen Schmiederohlinge aus einer Titanlegierung verkaufsfertig herstellen kann.

Kombizange

1. Gewerbe auf einer Deckel-Fräsmaschine FP 3 L bohren und fräsen.

   n = 16o U/min, u = o,1 mm/U

   Bohrung für Nieten 7 mm - Loch bohren, 7o^{o} ansenken, Gewerbe innen mit Stirnfräser (25,5 mm Ø)fräsen.

   n = 1oo U/min, u = o,1 mm/U

2. Maulprofil innen fräsen auf Klopp-Waagerecht-Fräsmaschine. Zusammengesetzter Walzenprofilfräser von 11o mm Ø, z = 12 und 24
n = 8o U/min, u = 12 mm/min

3. Kopf außen fräsen mit Walzenprofilfräser von 125 bis 1o5 mm Ø, 12 Zähne, Spanwinkel 3°, Drallwinkel 12°
n = 8o U/min, u = 12 mm/min

4. Schneide fräsen, üblicher Schneidenwinkel 7o - $8o^{o}$
n = 125o U/min, u = 12,5 mm/min, Fräserdurchmesser 17 mm Ø

5. Nietversuche mit Material Ti Al6V6Sn2 zeigten, daß dabei stets Risse im umgeformten Kopf auftraten. Auch eine Erwärmung auf ca. $35o^{o}$ C brachte keine Abhilfe dieses Fehlers. Aus diesem Grunde wurden die Nieten aus unlegiertem Titan Ti 99,7 (Ausgangsabmessung 12,5 mm Ø) hergestellt, das eine Festigkeit von 141 HV_{1o} aufwies (35o N/mm^2). Das Vernieten der beiden Zangenschenkel erfolgte unter einer Taumelnietmaschine mit 6° schrägstehendem Döpper. Bei 93o U/min und 7o kp/cm^2 Öldruck (Kolbendurchmesser 5o mm) belief sich die Nietzeit auf o,7 s.

6. Das mechanische Richten der Zangen wurde im warmen Zustand ($3oo^{o}$ C) ausgeführt.
Kalt richten sollte - besonders bei größeren Beträgen - vermieden werden.

7. Fräsen der flachen Zangenseite (Gewerbe, Niete).
n = 8o U/min, u = 1o mm/min, Stirnfräser 6o mm Ø

Flach-Rundzange

1. Gewerbe auf einer Deckel-Fräsmaschine FP 3 L bohren und fräsen.
n = 16o U/min, u = o,1 mm/U.
6 mm - Loch bohren, Bohrung $7o^{o}$ für Nieten ansenken.
Gewerbe innen mit Stirnfräser (22 mm Ø) fräsen.

2. Maulprofil innen fräsen auf Klopp-Waagerecht-Fräsmaschine. Zusammengesetzter Walzenprofilfräser von 115 mm ∅, z = 16 n = 8o U/min, u = 12 mm/U.

3. Nuten (6) zur Befestigung des Nietkopfes einschlagen (waren bei der Kombizange in den Rohling eingeschmiedet).

4. Schneide fräsen, üblicher Schneidenwinkel 7o bis 8o° n = 125o U/min, u = 12,5 mm/min, Fräserdurchmesser 14 mm ∅.

5. Nieten mit Reintitan Ti 99,7 (Ausgangsabmessung 12,5 mm ∅) auf Taumelnietmaschine mit 6° schräggestelltem Döpper. Arbeitszeit o,6 s bei 93o U/min und 5o kp/cm² Öldruck (Kolbendurchmesser 5o mm).

6. Mechanisches Richten der Zangen von Hand bei einer Temperatur von ca. 3oo° C.

7. Fräsen der flachen Zangenseite (Gewerbe, Niete). n = 8o U/min, u = lo mm/min, Stirnfräser 6o mm ∅.

<u>Schraubenschlüssel</u>

1. Bohren und Ansenken des Ringes auf HIW Röchling Säulenbohrmaschine, Bohrer Spitzenwinkel 118° , 5° hinterschliffen, n = 132 U/min, u = o,o8 mm/U

2. Fräsen des Maules auf Deckel-Fräsmaschine FP 2. Zweiteiliger Formfräser von loo mm ∅, z = 14 n = $\frac{4o}{65}$ U/min, u = 25 mm/min, Vorschub pro Zahn $\frac{o,o28}{o,o4}$ mm

3. Räumen des Ringteiles auf hydraulischer Räummaschine Neff 16 SRK,
s = 22 mm
Räumnadel 25o mm gezahnte Länge, Spanwinkel 15°, Freiwinkel 3°, Zähnezahl 39, Anstieg 3,36 mm, Zeit 5 s
s = 17 mm
Räumnadel 195 mm gezahnte Länge, Spanwinkel 15°,Freiwinkel 3°, Zähnezahl 33, Anstieg 2,84 mm, Zeit 4 s

s = 13 mm
Räumnadel 14o mm gezahnte Länge, Spanwinkel 15°,Freiwinkel 3°,
Zähnezahl 28, Anstieg 2,23 mm, Zeit 3 s

4. Ring außen rundfräsen
   Profilfräser 6o mm Ø, z = 12
   s = 22 und 17 mm mit Maschinenvorschub 55 s
   s = 13 mm mit Handvorschub lo s

5. Pliesten
   Das Pliesten aller Werkzeuge erfolgte auf Siepmann-Doppel-Schleifböcken mit Scheiben verschiedener Durchmesser, die den jeweils zu bearbeitenden Radien angepaßt waren. Die Drehzahl der Scheibe betrug 22oo U/min; die Bänder hatten eine Länge von 4 m und eine Korund-Körnung der Größe 6o.
   Die Bänder setzten sich nach geringer Schleifzeit zu und mußten nach kurzer Zeit gewechselt werden (47).
   Es trat ein so heller und intensiver Funkenflug auf, daß die Mitarbeiter nur mit starker Sonnenbrille arbeiten konnten.
   Es ist beim Schleifen und Pliesten von Titan- und Titanlegierungen darauf zu achten, daß die entstandenen Späne nicht außergewöhnlich stark erwärmt werden, da sonst die Gefahr einer Selbstentzündung entsteht. Besonders bei sehr feinem Schleifpulver ist die Möglichkeit einer Entflammung nach einer deutlichen Temperaturerhöhung gegeben (22). Man sollte daher ganz allgemein versuchen, beim Schleifen mit ausreichender Kühlung zu arbeiten oder wie im vorliegenden Fall beim Pliesten leistungsfähige Absaugvorrichtungen einsetzen.

6. Maul planschleifen
   Die Seitenflächen des Maulteiles wurden auf Bach-Schleifmaschinen unter Verwendung normaler Kühlemulsion plangeschliffen.

<u>Schraubendreher</u>

1. Schneiden
   Nachdem die Schmiedeversuche mit einer Rotationsschmiedemaschine fehlgeschlagen waren, wurden die Schneiden der Schraubendreher mit Profilscheiben aus dem vollen Stab ausgeschliffen.

2. Griffbefestigung
   Zur Befestigung der Kunststoffgriffe sind 5 mm vom Ende der Schraubendreher entfernt jeweils 2 planparallele Nuten von 18 mm Länge und 2,5/2,o/1,25 mm Tiefe eingefräst worden (bei Werkzeugen aus Stahl werden an diesen Stellen 2 schmale Flossen kalt geprägt).

Zusammenfassend ist bezüglich der Bearbeitung von Werkzeugen aus der Titanlegierung Ti Al6V6Sn2 mit für Stahl vorgesehenen Werkzeugen folgendes festzustellen:

Die wichtigste Voraussetzung beim Bearbeiten dieses Werkstoffes ist eine möglichst starre Einspannung des Werkstückes: Sobald das Werkstück in Schwingungen gerät oder geringfügig ausweichen kann, wird jede Bearbeitung problematisch.

So wurde daher im vorliegenden Fall z.B. für die Schraubenschlüssel zum Fräsen des Maules eine Sondervorrichtung für eine starre Aufnahme der Rohlinge geschaffen.

Man sollte stets mit Maschinenvorschub arbeiten - Handvorschub ist keinesfalls zu empfehlen: Sobald das Werkzeug springt und damit der Spanablauf unterbrochen wird, verfestigt sich die Oberfläche des Werkstoffes so stark, daß ein erneutes Ansetzen des Werkzeuges kaum möglich ist (z.B. typisch beim Bohren).

Für eine einwandfreie Bearbeitung sind außerdem starke Maschinen notwendig, die am günstigsten mit überdimensionierter Leistung ausgestattet sind.

Auf die Anwendung einer Schneid- und Kühlflüssigkeit sollte nicht verzichtet werden. Im allgemeinen werden Ölemulsionen sowie Lösungen von Alkalinitrit oder Alkaliphosphat in Wasser empfohlen (18, 19, 53 - 56). Für alle Werkzeugrohlinge wurde im vorliegenden Fall das speziell für die Zerspanung von Werkstoffen mit hoher Festigkeit entwickelte Hochleistungsschneidöl "opta 172" eingesetzt.

Es wurden stets Hartmetallwerkzeuge mit möglichst scharfen Schneiden verwendet.

Unter den genannten Bedingungen ergaben sich sehr glatte und saubere Bearbeitungsflächen.

Ungünstig erscheint von allen angewandten Verfahren das Räumen zu sein: Bei diesem Verfahren entsteht vom Prinzip her kein durchgehender Span, sondern das Werkzeug springt von Zahnreihe zu Zahnreihe; so erfolgt die Zerspanung stets im verfestigten Bereich der Oberfläche.

Die Räummaschine baut zunächst einen hohen Druck auf, bevor das Werkzeug fast stoßartig durch das Werkstück gepreßt wird. Die Oberfläche der geräumten Stellen erscheint streifig. Dieses Verfahren sollte nach Möglichkeit vermieden werden.

Nach der Bearbeitung wurden alle Werkzeuge unter reinem Argon als Schutzgas ausgehärtet. Die Temperatur betrug 6oo^{o} C, die Haltezeit 3 h, die Abkühlung erfolgte an Luft.

Die Bilder 24-26 zeigen die Gefügeausbildung der fertigen Teile im lösungsgeglühten und ausgehärteten Zustand. Es liegt primäres α -Gefüge vor, das sowohl globular als auch lamellar in feinnadeligerα+β-Matrix eingebettet ist. Die α -Phase erscheint teilweise orientiert. Bei steigendem Verschmiedungsgrad nimmt an verschiedenen Stellen an ein und demselben Rohling betrachtet der Gehalt der α -Phase ab (Bilder 27-29). Es ist anzunehmen, daß diese Erscheinung auf die nicht unerhebliche Temperaturerhöhung bei wachsender Formänderung zurückzuführen ist. Nach dem Aushärten erreichen die Teile eine Härte von 4o5 HV_{1o}, was einer Festigkeit von 12oo N/mm^2 entspricht.

Alle Werkzeuge wurden abschließend einer Sichtbeize in Flußsäure (4%) - Salpetersäure (25%) - Lösung bei einer Temperatur von ca. 5o^{o} C (4o bis 6o^{o} C) 2 min lang unterworfen. Die Teile erhielten danach ein silbriges Aussehen.

Bei einigen Zangen sowie bei allen Schraubendrehern wurden abschließend Kunststoffgriffe durch Umspritzen angebracht.

5.1.4 Steigerung der Härte an der Oberfläche

Die Höhe der nach dem Lösungsglühen und Aushärten von Titanlegierungen erreichbaren Festigkeitswerte von max. 135o N/mm^2 hat schon früh zu Überlegungen geführt, wie man eine daraus umgerechnete Härte von ca. 44o HV zumindest in den Bereichen der Oberfläche weiter steigern kann. Eine solche Möglichkeit ist besonders wichtig für die Verbesserung der Standzeit bei Verschleißteilen (81 - 84).

Im vorliegenden Fall soll geprüft werden, ob die Standzeit und die Schnittkraft von Greifzangen mit Schneide durch eine geeignete Behandlung verbessert werden kann. Denn während die Schneide einer Greifzange aus Stahl Härtewerte von 52 bis 6o HRc aufweisen muß (121), besitzt die Schneide aus einer Titanlegierung nur eine Härte von umgerechnet 44 HRc.

Aus diesem Grunde wurden folgende Verfahren auf die Möglichkeit einer Härtesteigerung an der Oberfläche bei der Titanlegierung Ti Al6V6Sn2 geprüft:

Aufkohlen
Borieren
Badnitrieren
Gasnitrieren

5.1.4.1 Aufkohlen

Die Versuche wurden im Niederdruckbereich in einem vorher evakuierten Ofen durchgeführt; als Aufkohlungsmedium diente Methan-Gas bei einer Temperatur von 1o4o° C (137).

Bild 3o zeigt den Härteverlauf dieser aufgekohlten Proben: Die maximal erreichbare Härte an der Oberfläche beträgt ca. 9oo $HV_{o,o5}$, die gesamte Einhärtetiefe ca. o,o2 mm. Die Grundhärte von ca. 4oo $HV_{o,o5}$ steigt bis zu einer Tiefe von o,o5 mm leicht auf ca. 5oo $HV_{o,o5}$ an.

Aus Bild 31 ist die Gefügeausbildung der Randschicht im aufgekohlten Zustand zu erkennen:

Globulares α-Gefüge am äußersten Rand und durch Kohlenstoff stabilisiertes α-Mischkristall in martensitischer Matrix. Alle Proben waren vor und nach der Behandlung ausgemessen worden: Der Dickenzuwachs je Fläche beträgt o,o17 mm.

5.1.4.2 Borieren

Beim Borieren werden die Teile in sauerstoffentgastem, amorphem Bor entweder unter Vakuum oder unter Reinstargon behandelt (84, 138). Die Borierzeit kann zwischen 8 bzw. 15 und 24 Stunden schwanken, die Temperatur beträgt looo° C.

Die Proben aus Ti Al6V6Sn2 sind 15 h lang unter Argon bei looo° C in geglühtem, amorphem Bor boriert worden. Die beeinflußte Schicht ist zwar nur ca. o,o2 mm stark, doch können an der Oberfläche Härtewerte von ca. lloo $HV_{o,o5}$ gemessen werden. Das Grundmaterial weist wiederum eine Härte von ca. 4oo $HV_{o,o5}$ auf (Bild 32).

Die Gefügeausbildung des borierten Bereiches zeigt Bild 33. Das Grundgefüge ist spitzlamellar; die schmale Randzone besteht aus mit Bor stabilisiertem α-Mischkristall. Der Zuwachs der Dicke beträgt je Seite o,o15 mm.

5.1.4.3 Badnitrieren

Das Badnitrieren - Tiduran-Verfahren ®- kann an den fertigbearbeiteten Werkstücken durchgeführt werden (81, 82). Die Teile werden 2 bis 3 Stunden lang bei 8oo° C in speziell entwickelten cyanidischen Salzbädern behandelt: Dabei diffundieren die Elemente Stickstoff, Kohlenstoff und Sauerstoff aus der Schmelze in die Oberflächenzone der Titanlegierung und bilden dort eine Mischkristallzone.

Bild 34 enthält den Härteverlauf, wie er an Proben aus der Titanlegierung Ti Al6V6Sn2 gemessen worden ist. Die Nitriertiefe beträgt ca. o,o4 mm, die maximale Härte ca. 65o $HV_{o,o5}$ gegenüber einer Grundhärte von ca. 35o $HV_{o,o5}$. Während das Grundgefüge aus globularer bis kurzlamellarer α-Phase in lamellarer α+β-Phase besteht, zeigt die äußere Randzone durch Stickstoff stabilisierte α-Phase (Bild 35).

Die Teile sind bei 35o° C vorgewärmt und danach bei 8oo° C 12o min lang im Tiduran-Bad behandelt worden. Die Abkühlung erfolgte in Salzwasser.

Die Dickenänderung pro Fläche wurde mit o,oo5 mm (5 µm) ermittelt.

Die gefundenen Werte entsprechen denen, die bei der Titanlegierung Al6V4 an anderer Stelle festgestellt worden sind (81, 82).

5.1.4.4 Gasnitrieren

Zur Abrundung des Untersuchungsprogrammes wurden einige Proben versuchsweise im Ammoniakstrom gasnitriert. Diese Methode ist bisher noch nicht näher bezüglich ihrer Eignung als wirtschaftliches Verfahren für das Nitrieren von Titan und Titanlegierungen untersucht worden, da einmal die beim Gasnitrieren von Stahl erforderlichen Temperaturen bei 52o° C liegen und die bisher in der Industrie vorhandenen Ofenanlagen entsprechend ausgelegt sind. Bei dieser Temperatur konnte bisher keine härtesteigernde Wirkung einer Nitrierbehandlung beobachtet werden. Außerdem ist beim Nitrieren im Ammoniakstrom mit einer starken Wasserstoffaufnahme zu rechnen, was zur Versprödung der Titanlegierung führt. Durch eine recht unwirtschaftliche Glühung unter Vakuum kann diese Erscheinung beseitigt werden (135). Es wurden zwei Proben einmal bei 8oo° C zum anderen bei 9oo° C 36 h lang in gasförmigem, dissoziiertem Ammoniak nitriert. Bild 36 zeigt den gemessenen Härteverlauf: Die bei 9oo° C behandelte Probe weist an der äußersten Oberfläche eine Härte von 6oo $HV_{o,o5}$ auf; die Nitriertiefe ist sehr gering und beträgt ca. o,o2 mm. Entsprechend klein ist auch die Dickenzunahme pro Fläche: Sie beträgt wie beim Badnitrieren o,oo5 mm (5 µm).

Während die bei 8oo° C behandelte Probe eine gleichmäßige Gefügeausbildung aufweist, besitzt die bei 9oo° C nitrierte Probe in der Randzone eine martensitische Struktur in Widmannstätten-Anordnung.

Im äußersten Rand ist eine schmale durch Stickstoff stabilisierte α-Zone zu erkennen (Bild 37).

Auffallend sind bei beiden Proben die stark streuenden Härtewerte in der Grundmasse (25o bis 5oo $HV_{o,o5}$).

Es sollte an dieser Stelle nochmals darauf hingewiesen werden, daß bei Titan und Titanlegierungen Härtemessungen an der gleichen Probe immer dann stark voneinander abweichen, wenn u.a. mit kleiner Last geprüft wird und das Material verschieden orientierte grobe Körner aufweist.

Zusammenfassend kann festgestellt werden, daß bei einer Beurteilung der untersuchten Verfahren nach der erreichten maximalen Härte, der Eindringtiefe und der Gefügeausbildung das Badnitrieren - Tiduran-Verfahren ® - für eine härtesteigernde Oberflächenbehandlung der Titanlegierung Ti Al6V6Sn2 am günstigsten erscheint. Wichtig ist allerdings die Frage, inwieweit die Magnetisierbarkeit des Materials durch alle diese Verfahren beeinflußt wird. In Tabelle 3 sind die nach beiden Prüfverfahren an Proben von loo mm Länge und lo mm Durchmesser ermittelten Versuchsergebnisse zusammengefaßt: Im Vergleich zur unbehandelten Probe treten nur vollkommen unwesentliche, auf Streuungen bei der Messung beruhende Unterschiede auf. Auch alle nitrierten und borierten Proben gelten als "magnetisch rein" im Sinne der Raumfahrt.

5.2 Nichtmagnetisierbarer Stahl X 5o CrMnNiV 22 9 (Werkstoff-Nr. 1.3947)

5.2.1 Vormaterial

Über das Verfahren des "Spaltens" sowie über die Abmessungen der beim Schmieden von Werkzeugstahl eingesetzten Spaltstücke ist in Abschnitt 5.1.1. bereits allgemein berichtet worden.

Während das Ausgangsmaterial für die durch Sägen und Hobeln hergestellten "Spaltstücke" bei der Titanlegierung die Abmessungen 9o mm ⌀ und 5o mm ⌀ besaß, standen vom Werkstoff X 5o CrMnNiV 22 9 Knüppel der Abmessung loo mm ⌀ zur Verfügung. Im Gegensatz zur Titanlegierung war es nicht möglich, diesen Werkstoff auf einer Bügelsäge unter Verwendung handelsüblicher Sägeblätter zu zerteilen: Bereits nach mehreren Hüben war das Blatt stumpf und erbrachte keine Zerspanleistung mehr.

Probenart	Magnetisierbarkeit Gauß/Oerstedt	$M^* \; G \cdot cm^3 \cdot kg^{-1}$
unbehandelt	1,ooo14	$< o,57 \cdot lo^{-2}$
badnitriert	1,ooo18	$o,56 \cdot lo^{-2}$
gasnitriert	1,ooo21/25	$o,59 \cdot lo^{-2}$
boriert	1,ooo18	$o,56 \cdot lo^{-2}$

Tabelle 3 Einfluß verschiedener Verfahren zur Steigerung der Härte auf die Magnetisierbarkeit von Ti Al6V6Sn2

Nach einer Vielzahl von Versuchen erwies sich als günstigstes Verfahren das Sägen mit einer Ständer-Kaltkreissägemaschine (Bauart Ohler K 63o). Das Blatt besaß einen Durchmesser von 63o mm; nachdem an diesem Werkzeug jedes zweite Zahnpaar abgeschliffen worden war, betrug die Zahnteilung ca. 13o mm. Die Vorschubgeschwindigkeit lag bei 2 bis 3 mm/min, die Schnittgeschwindigkeit bei 6,3 m /min.

Voraussetzung für eine erfolgreiche Zerspanung ist allerdings die Verwendung eines salzhaltigen Kühl- und Schmiermittels. Bei den hier durchgeführten Versuchen wurde z.B. das "Pluto-Hochleistungs-Kühlschmiermittel SFB" der Veba-Chemie eingesetzt.

Mit diesem Verfahren wurden aus dem loo mm ⌀ -Vormaterial Streifen von 32o mm Länge in verschiedenen Breiten und Dicken ausgesägt.

Je lo Platten wurden miteinander verklebt und gemäß einer aufgelegten Schablone auf einer Waagerecht-Schnellhobelmaschine (Klopp, Typ 55o) unter folgenden Bedingungen zu einem "Spaltstück" verarbeitet: Schnittgeschwindigkeit 8 bis lo m/min, Vorschub o,2 mm. Gegenüber der Zerspanung der gleichen Teile aus Ti Al6V6Sn2 mußten also deutlich verringerte Schnittgeschwindigkeiten gewählt werden. Wegen des außergewöhnlich starken Werkzeugverschleißes wurde ein Hartmetall-Schruppstahl nach DIN 4971 mit folgenden Maßen verwendet: Spitzenwinkel 9o°, Neigungswinkel 1o°, Spanwinkel 6°, Einstellwinkel 7o° und Spitzenradius o,5 mm.

Die Abmessungen und Formen der einzelnen Stücke sind den Bildern 1 bis 5 zu entnehmen. Wie beim Schmieden der Werkzeuge aus der Titanlegierung, so wurden auch hier die rechten und linken Zangenteile in einem Gesenk mit einer Form hergestellt, indem die hintereinanderliegenden Gravuren einzeln einmal von der Vorderseite des Hammers und einmal von dessen Rückseite her beschickt wurden. Für den nichtmagnetisierbaren Stahl X 5o CrMnNiV 22 9, der im Anlieferungszustand eine Festigkeit von umgerechnet ca. 9oo bis 11oo N/mm^2 besitzen kann (abgeschreckt), gelten bezüglich seiner Scherfähigkeit in kaltem oder angewärmtem Zustand die gleichen Fragen wie für die Titanlegierung Ti Al6V6Sn2.

Das in den Versuchen verwendete Material weist gemäß Werksattest des Lieferanten folgende chemische Zusammensetzung in % auf:

C	Si	Mn	P	S	Cr	Ni	V	N_2
o,49	o,33	8,25	o,o13	o,o14	21,3o	4,55	1,11	o,35o

Die Härte des Vormaterials betrug im unbehandelten - also ungeglühten-Anlieferungszustand 369 HV_{1o}, was einer Festigkeit von umgerechnet 125o N/mm^2 entspricht.

Das Gefüge (Bild 38) besteht aus Austenit mit ausgeschiedenen Karbiden (Korngrenzen) und Primärkarbiden, die Korngröße beträgt 4-6 nach ASTM.

Das geschälte Vormaterial für die Schraubendreher 4,5, 6,5 und 8,5 mm Ø wies die gleiche chemische Zusammensetzung wie vorab angegeben auf.

5.2.2 Schmieden

Für die Erwärmung des Vormaterials auf Schmiedetemperatur stand der gleiche transportable elektrisch beheizte Kammerofen (35o x 75o x 25o mm, 18 kW) zur Verfügung wie bei der Schmiedung der Titanlegierung (Abschnitt 5.1.2).

Besondere Vorkehrungen zum Schutz der Oberfläche sind beim Schmieden von X 5o CrMnNiV 22 9 nicht zu treffen. Die Schmiedeanfangstemperatur beträgt gemäß den Angaben der Stahlhersteller 1100 bis 1150 °C (6,7); aufgrund der gegenüber nieder legierten Stählen deutlich schlechteren Wärmeleitfähigkeit muß jedoch darauf geachtet werden, daß die Haltezeit des Vormaterials auf dieser Temperatur genügend lang gewählt wird. Die Rohlinge können nach dem Schmieden an Luft abgelegt werden, da keine Phasenumwandlungen auftreten.

Bei der Wahl der Schmiedemaschine muß die gegenüber üblichen Schmiedestählen erheblich höhere Umformfestigkeit des Stahles X 5o CrMnNiV 22 9 berücksichtigt werden:

Einsatzstahl $k_f = 15\ kp/mm^2$
Nichtmagnetisierbarer Stahl $k_f = 3o\ kp/mm^2$
($T = 11oo^o$ C, $\varphi = o{,}4$ und $\dot{\varphi} = 4o\ s^{-1}$)

Bei fallender Temperatur steigen für beide Werkstoffe die Werte der Umformfestigkeit unterschiedlich an:

Einsatzstahl $k_f = 25\ kp/mm^2$
Nichtmagnetisierbarer Stahl $k_f = 45\ kp/mm^2$
($T = 900^o$ C, $\varphi = 0{,}4$ und $\dot{\varphi} = 40\ s^{-1}$)

Diese Tatsache hat zur Folge, daß bei starker Abkühlung des dünnen Grates eine weitere Umformung des Schmiedestückes nicht mehr möglich ist.

Für alle Werkzeuge aus dem Stahl X 5o CrMnNiV 22 9 betrug die Schmiedeanfangstemperatur ca. 1100° C, die Endtemperatur ca. 900° C.

Die Ofentemperatur wurde auf 1120° C eingestellt; die Haltezeit belief sich jeweils auf ca. 30 min, eine Vorwärmung erfolgte nicht.

Die Schmiedeversuche mit dem Werkstoff X 5o CrMnNiV 22 9 wurden mit den gleichen Umformmaschinen und -werkzeugen durchgeführt wie sie unter Abschnitt 5.1.2 für die Versuche mit der Titanlegierung Ti Al6V6Sn2 bereits beschrieben worden sind.

Die einzelnen Arbeitsabläufe bei beiden Werkstoffen weichen jedoch wie folgt voneinander ab:

Kombizange

Arbeitsablauf:

1. Vorbiegen im Biegeteil des Gesenkes, 1 Schlag aus 3/4 Höhe (0,75m)
2. Vorschmieden in der Vorschmiedeform, 2 Schläge aus voller Höhe (1 m)
3. Nachwärmen - 15 min - auf 1120° C
4. Schmieden in der Fertigform, 2 Schläge aus voller Höhe (1 m)
5. Ablegen an Luft

Flachrundzange

Arbeitsablauf:

1. Vorbiegen im Biegeteil des Gesenkes, 1 Schlag aus 3/4 Höhe (0,75m)
2. Schmieden in der Vorschmiedeform, 2 Schläge aus halber Höhe (0,5m)
3. Nachwärmen - 15 min - auf 1120° C
4. Schmieden in der Fertigform, 2 Schläge aus 3/4 Höhe (0,75 m)
5. Nachwärmen - 15 min - auf 1120° C
6. Schmieden in der Fertigform, 1 Schlag aus 3/4 Höhe (0,75 m)
7. Ablegen an Luft

Schraubenschlüssel

Arbeitsabläufe:

Schlüsselweite 13 mm

1. Vorbiegen im Biegeteil des Gesenkes, 1 Schlag aus halber Höhe /(0,5 m)
2. Vorschmieden in der Vorschmiedeform, 5-6 Schläge aus 3/4 bis voller Höhe (0,75 - 1,0 m)
3. Nachwärmen - 15 min - auf 1120° C
4. Schmieden in der Fertigform, 3-4 Schläge aus 3/4 bis voller Höhe (0,75 - 1,0 m)
5. Ablegen an Luft

Der verwendete 600 kp - Riemenfallhammer erwies sich als recht leistungsschwach. Bei den letzten Schlägen im Fertiggesenk konnte kaum noch eine Höhenabnahme am Schmiedestück erzielt werden.

Schlüsselweite 17 mm

1. Vorbiegen im Biegeteil des Gesenkes, 2 Schläge aus halber Höhe (0,5 m)
2. Vorschmieden in der Vorschmiedeform, 1 Schlag aus voller Höhe (1 m)
3. Fertigschmieden in der Fertigform, 2-3 Schläge aus voller Höhe (1 m)
4. Nachwärmen - 15 min - auf 1120° C
5. Fertigschmieden in der Fertigform, 1 Schlag aus 3/4 Höhe (0,75 m)
6. Ablegen an Luft

Schlüsselweite 22 mm

1. Vorbiegen im Biegeteil des Gesenkes, 2 Schläge aus halber Höhe (0,5 m)
2. Vorschmieden in der Vorschmiedeform, 1 Schlag aus halber Höhe (0,5 m)
3. Fertigschmieden in der Fertigform, 2 Schläge aus voller Höhe (1 m)
4. Nachwärmen - 15 min - auf 1120° C
5. Fertigschmieden in der Fertigform, 2 Schläge aus voller Höhe (1 m)
6. Ablegen an Luft

Auch bei diesen Versuchen erwies sich der eingesetzte Hammer (1650 mkp) als zu schwach.

Zusammenfassend kann zu den Schmiedeversuchen mit dem nichtmagnetisierbaren Stahl X 5o CrMnNiV 22 9 folgendes festgestellt werden:

Fast alle verwendeten Umformmaschinen waren in ihrer Leistung nur knapp ausreichend. Der Umformwiderstand dieses Werkstoffes ist im Vergleich zu Bau- oder Werkzeugstahl und auch zu Titanlegierungen größer; diese Tatsache macht sich besonders deutlich bei abnehmender Schmiedetemperatur bemerkbar, wenn z.B. der Grat verhältnismäßig schnell erkaltet. Daher wurden die angestrebten Endmaße der Teile in fast keinem Fall erreicht: Die Rohlinge waren stets ca. o,2 mm dicker als vorgesehen.

Obwohl die Gesenke vor jedem Arbeitsgang sorgfältig mit einem Graphit/Öl-Gemisch eingeschmiert wurden, traten recht oft "Kleber" im Obergesenk auf.

Eine ungewöhnlich starke Temperaturerhöhung am Rohling selbst während des Schmiedens, wie sie bei den Versuchen mit der Titanlegierung beobachtet worden ist, trat bei dem Stahl X 5o CrMnNiV 22 9 nicht auf.

Schraubendreher

In Abschnitt 5.1.2 ist beschrieben worden, aus welchen Gründen die Umformung von Schraubendrehern aus der Titanlegierung Ti Al6V6Sn2 mit einer heute für diesen Zweck allgemein verwendeten Schmiedemaschine nicht möglich war.

Um einen Vergleich zwischen den Schraubendrehern aus der Titanlegierung und dem nichtmagnetisierbaren Stahl anstellen zu können, wurden die Klingen der Schraubendreher aus X 5o CrMnNiV 22 9 ebenfalls aus Rundmaterial der Abmessungen 4,5, 6,5 und 8,5 mm Ø durch Schleifen hergestellt. Versuche auf einer Schmiedemaschine sind nicht unternommen worden.

Das Abtrennen des Grates erfolgte wie in Abschnitt 5.1.2 ebenfalls bereits beschrieben mit einer Schmelzbandsäge. Die Möglichkeiten, den Grat sowohl warm nach dem Schmieden als auch kalt im Schnitt zu entfernen, müßten überprüft werden.

Beim Kaltscheren sind sicherlich Schwierigkeiten zu erwarten, da die Schmiedestücke nach dem Schmieden eine Härte von 38o HV_{1o} aufweisen, was umgerechnet einer Festigkeit von 13oo N/mm^2 entspricht.

Das Aussehen der Rohlinge im Schmiedezustand war so einwandfrei, daß keine Behandlung der Oberfläche zur Prüfung deren Beschaffenheit durchgeführt werden mußte.

Die optische Kontrolle der Teile ergab keine Beanstandungen: Alle Schmiedestücke waren frei von Rissen, Überlappungen u.ä. Verschiedene Werkzeuge waren im Schmiedezustand allerdings stark krumm und verzogen. Wegen der hohen Härte dieser Teile erfolgte das Richten erst im Anschluß an das Lösungsglühen.

Abschließend kann allgemein festgestellt werden, daß beim Gesenkschmieden des nichtmagnetisierbaren Stahles X 5o CrMnNiV 22 9 keine Schwierigkeiten aufgetreten sind. Das Material steigt und fließt in der Gravur relativ leicht, die Oberfläche der Teile weist nach dem Schmieden keinerlei Fehler auf, eine Beeinflussung der Oberflächenzonen durch Gase findet nicht statt. Einzige Forderung ist, daß das Umformen mit einer ausreichend leistungsstarken Schmiedemaschine erfolgt.

5.2.3 Mechanische Bearbeitung und Wärmebehandlung

Vor Beginn der mechanischen Bearbeitung wurden alle Werkzeuge zunächst lösungsgeglüht. Die Behandlung erfolgte in einem elektrisch beheizten Kammerofen in luftdichten Kästen, die mit reinem Argon gespült wurden. Die Temperatur betrug 115o° C, die Zeit 3 h, die Abschreckung geschah in Wasser. Nach dem Lösungsglühen besaßen die Teile eine Härte von 31o bis 329 HV_{1o}, umgerechnet also eine Festigkeit von ca. 1o5o bis 115o N/mm^2. Vor dieser Behandlung - im Schmiedezustand - betrug die Festigkeit umgerechnet ca. 13oo N/mm^2 (38o HV_{1o}). Die Bilder 39 und 4o zeigen die Gefügeausbildung von X 5o CrMnNiV 22 9 nach dem Schmieden und nach dem Lösungsglühen: Es liegt stets Austenit mit ungelösten Karbiden vor (teilweise auf den Korngrenzen, sowie Primärkarbide).

Für die Bearbeitung von nichtmagnetisierbaren Stählen werden unter Verwendung von Hartmetallwerkzeugen z.B. folgende Angaben gemacht (6, 7):

Drehen (Schlichten) v = 4o - 7o m/min, e = o,5 - 1,5 mm
u = o,1 - o,2 mm/U

Fräsen (Schlichten) v = 1o - 15 m/min, e = 2,o mm
s_z = o,o5 - o,1o mm

Diesen Werten ist zu entnehmen, daß recht niedrige Schnittgeschwindigkeiten und ein geringer Vorschub vorgeschrieben werden. Darüberhinaus werden an die verwendeten Werkzeuge ganz bestimmte Anforderungen bezüglich ihrer Geometrie gestellt.

Die Verfestigungsneigung der nichtmagnetisierbaren Stähle übertrifft die der Titanlegierungenbei weitem. Die Bearbeitbarkeit nimmt von den austenitischen Chrom-Nickel- (Mangan)- über die Mangan-Chrom- zu den reinen Manganstählen immer weiter ab; reine Manganstähle, z.B. X 12o Mn 12 (Werkstoff-Nr. 1.38o2) oder X 35 Mn 18 (Werkstoff-Nr. 1.38o5) sind kaum noch unter wirtschaftlichen Gesichtspunkten zu bearbeiten (46).

Demnach ist zu erwarten, daß der für unmagnetische Werkzeuge vorgesehene Stahl X 5o CrMnNiV 22 9 bei der Fertigung zwar Schwierigkeiten bereiten wird, jedoch unter Berücksichtigung bestimmter Bedingungen durchaus zerspanbar ist.

Infolge der starken Verfestigungsneigung der bearbeiteten Oberfläche gilt bezüglich der Starrheit des Zerspanungssystems das gleiche wie für Titanlegierungen: Das Werkstück muß möglichst schwingungsfrei eingespannt sein; das gleiche gilt für das Werkzeug. Die Werkzeugmaschine sollte über eine ausreichend hohe Antriebsleistung verfügen und im Vergleich zur Zerspanung üblicher Werkstoffe in jeder Beziehung überdimensioniert sein. Handvorschub ist auf jeden Fall zu vermeiden. Die Verwendung von speziellen Schneid- und Kühlflüssigkeiten kann nur empfohlen werden.

Wie bei der Bearbeitung der Rohlinge aus der Titanlegierung Ti Al6V6Sn2, so wurden auch bei der Bearbeitung der Teile aus X 5o CrMnNiV 22 9 nicht die empfohlenen Sonderwerkzeuge eingesetzt, sondern mit den üblichen Werkzeugen gearbeitet, um die Anschaffung teurer Sonderanfertigungen für eine Kleinserie zu vermeiden.

Der Ablauf der Bearbeitung ist für die einzelnen Werkzeuge bereits in Abschnitt 5.1.3 für die Titanlegierung ausführlich beschrieben worden. Es wurde bei dem unmagnetischen Stahl wiederum die gleiche Reihenfolge bei den einzelnen Arbeitsgängen eingehalten und die gleichen Werkzeuge benutzt.

Im folgenden sollen daher nur die Abweichungen von diesen Daten aufgezeigt werden, die sich hauptsächlich auf verringerte Schnittgeschwindigkeiten und einen geringeren Vorschub beziehen.

Kombizange und Flach-Rundzange

1. Gewerbe fräsen und bohren:
   n = 8o U/min, u = 8 mm/min

2. Maulprofil innen fräsen:
   n = 45 U/min, u = 16 mm/min

4. Schneide fräsen:
   n = 7oo U/min, u = 12,5 mm/min

5. Nach dem Nieten der Zangen mit Nieten aus X 5o CrMnNiV 22 9 wiesen letztere starke Risse auf (Zugfestigkeit des Materials im Anlieferungszustand: 125o N/mm^2). Eine Erwärmung auf ca. 35o° C stellte diesen Fehler nicht ab. Für die Nieten wurde daher zunächst ein austenitischer Stahl mit geringer Festigkeit verwendet: X 5 CrNi 18 9 (Werkstoff-Nr. 1.43o1), Abmessung 12,5 mm, Zugfestigkeit umgerechnet 53o N/mm^2. Dieses Material ließ sich zwar sehr leicht kaltverformen, doch war nach dem Nietvorgang eine deutlich feststellbare Magnetisierbarkeit der Niete festzustellen: Die starke Verfestigung des Werkstoffes bewirkt bei diesem Stahl die Bildung einer martensitähnlichen Phase, die ferromagnetisch ist (6, 125, 126). Aus diesem Grunde wurden die Kombi- und Flach-Rund-Zangen aus X 5o CrMnNiV 22 9 wie die aus Ti Al6V6Sn2 mit Nieten aus unlegiertem Titan (Zugfestigkeit 35o N/mm^2) versehen (siehe Abschnitt 5.1.3).

7. Schleifen der flachen Zangenseite

Schraubenschlüssel

2. Fräsen des Maules
   n = 4o U/min, u = 8 mm/min

4. Ring außen von Hand geschliffen

Schraubendreher

2. Griffbefestigung
   Bei den Schraubendrehern aus X 5o CrMnNiV 22 9 konnten zur Griffbefestigung wie bei üblichem Werkzeugstahl je 2 Flossen kalt geprägt werden. Es zeigten sich an diesen Stellen jedoch kleine Anrisse.

Ganz allgemein kann bezüglich der Zerspanung dieses Materials festgestellt werden, daß trotz der geringen Schnittgeschwindigkeiten und des kleinen Vorschubes die Werkzeuge sehr schnell verschleißen und die Schneiden oft nachgeschliffen werden mußten.

Besonders bei Verwendung von Werkzeugen aus Schnellarbeitsstahl, wie sie bei den Arbeitsgängen 1 - 3 (2) der Zangenfertigung und 1 - 2 der Schraubenschlüsselfertigung eingesetzt waren, machten sich die Abnutzungserscheinungen stark bemerkbar. Hartmetallbestückte Werkzeuge erbrachten dagegen stets deutlich längere Standzeiten (z.B. bei Arbeitsgang 4 der Zangenfertigung).

Sehr schwierig erweist sich das Räumen dieses Werkstoffes. Bei dieser Zerspanungsmethode mit unterbrochenem Schnitt fressen die Späne an der Räumnadel fest; außerdem springt das Werkzeug ruckartig von Zahnreihe zu Zahnreihe.

Darüberhinaus gelten hier die gleichen Forderungen nach leistungsfähigen Werkzeugmaschinen, schwingungsfreien Spannvorrichtungen und gleichmäßigem Maschinenvorschub wie sie bereits bei der Bearbeitung von Ti Al6V6Sn2 gestellt worden sind. Für die Zerspanung sind entsprechende Kühl- und Schneidmittel zu empfehlen.

Nach der mechanischen Bearbeitung wurden alle Werkzeuge aus X 5o CrMnNiV 22 9 in Kästen unter reinem Argon bei einer Temperatur von 7oo^{o} C 4 h lang ausgehärtet. Die Härte betrug nach dieser Behandlung 348 HV_{1o} (umgerechnet 12oo N/mm^2 Zugfestigkeit). Bild 41 zeigt die Gefügeausbildung der nichtmagnetisierbaren Werkzeuge in ausgehärtetem Zustand: Es liegt Austenit mit Primär- und Korngrenzen-Karbiden in gleichmäßiger Verteilung vor.

Abschließend wurden die Zangen mit Plastikgriffen versehen, indem bei 6o^o C die vorgefertigten Griffe zusammen mit Leim über die Schenkel gedrückt wurden.

Alle Schraubenschlüssel wurden gerommelt, d.h., in großen Trommeln umgewälzt. Die Behälter sind mit Rheinischem Kiesel verschiedener Größen, Additiven (z.B. Alkalien, Phosphate, Tenside) und Wasser gefüllt; eine derartige Behandlung dauert etwa 7 h. Die Werkzeuge besaßen danach eine saubere und glatte Oberfläche. Die Kunststoff-Griffe der Schraubendreher wurden in Spritzmaschinen dem Werkzeug hinzugefügt.

Im Gegensatz zu den Werkzeugen aus der Titanlegierung Ti Al6V6Sn2 konnten alle Teile aus X 5o CrMnNiV 22 9 in kaltem Zustand gerichtet werden. Der Verzug trat stets nach den einzelnen Wärmebehandlungen (Lösungsglühen und Aushärten) auf, obwohl sich die Stücke einzeln, flach und unterstützt im Ofen befanden.

5.2.4 Steigerung der Härte an der Oberfläche

Auch bei den Werkzeugen aus nichtmagnetisierbarem Stahl soll versucht werden, die Härte an der Oberfläche zu verbessern, um vor allem bei Verschleißteilen oder an Stellen, an denen eine bestimmte Härte gefordert wird, die Standzeit zu erhöhen. Schließlich beträgt die Festigkeit der Werkzeuge im ausgehärteten Zustand umgerechnet etwa 12oo N/mm^2, entsprechend ca. 36 HRc, während z.B. für schneidende Zangen eine Härte von 52 bis 6o HRc gefordert wird (121).

Folgende Verfahren wurden bezüglich ihrer Anwendbarkeit zur Erhöhung der Oberflächenhärte bei dem Werkstoff X 5o CrMnNiV 22 9 (Werkstoff-Nr. 1.3947) untersucht:

Borieren

Badnitrieren
Gasnitrieren

5.2.4.1 Borieren

Im Gegensatz zu Bau-, Werkzeug- und rost- und säurebeständigen Stählen (85 - 1o1) liegen über das Borieren von nichtmagnetisierbaren Stählen bisher keine Erfahrungen vor. Nach verschiedenen Vorversuchen ergab sich folgende Behandlung, die zu einer dünnen Borierzone auf der Oberfläche der Probe geführt hat: 9oo° C, 4 h, Pulver "Ekabor 1". Bild 43 zeigt den Oberflächenbereich der Probe. Es ist eine recht glatt aufliegende, also mit dem Grundwerkstoff wenig verzahnte, zweiphasige Schicht zu erkennen; ihre Ausdehnung beträgt 14 bis 16 μm. An der Oberfläche beträgt die Härte max. $HV_{o,o5}$ 2575, im Gegensatz zum Grundkörper, der eine Härte von ca. 4oo $HV_{o,o5}$ aufweist. Gegenüber dem ausgelagerten Zustand erhöht sich also durch die Borierbehandlung bei 9oo° C auch die Härte des Grundmaterials geringfügig von 35o $HV_{o,o5}$ auf 4oo $HV_{o,o5}$ (Bild 42).

5.2.4.2 Badnitrieren

Das Badnitrieren wird bei Bau- und Werkzeugstählen unter Verwendung eines besonders zusammengesetzten und belüfteten Nitrierbades in einem Sonderverfahren - Tenifer ® - ausgeführt. Nach einer Vorwärmung der Teile erfolgt deren Behandlung bei ca. 57o° C. Wichtig ist die nachfolgende Abschreck- oder Anlaßbehandlung, die von der Art des nitrierten Werkstoffes abhängig ist (1o2 - 1o8).

Die Proben aus X 5o CrMnNiV 22 9 wurden bei 35o° C vorgewärmt, 3 h lang bei 58o° C im TF1-Bad nitriert und in einem Abkühlbad von 28o° C abgekühlt. Bild 44 zeigt den Härteverlauf dieser Tenifer ® - behandelten Proben. Direkt an der Oberfläche werden Härtewerte von 165o $HV_{o,o5}$ gemessen, die beeinflußte Zone reicht bis in eine Tiefe von o,o4 mm; Bild 45 gibt die Ausbildung der Nitrierschicht wieder.

Das Grundmaterial behält unter der nitrierten Zone seine ursprüngliche Härte von ca. 35o $HV_{o,o5}$.

5.2.4.3 Gasnitrieren

Da der Werkstoff X 5o CrMnNiV 22 9 üblicherweise (1o9 - 117) nicht gasnitriert wird, waren auch hier verschiedene Vorversuche nötig, um die günstigsten Wärmebehandlungsbedingungen herauszufinden. Verändert wurden dabei die Nitrierzeiten und die erforderlichen Zusätze.

Die höchsten Nitriertiefen wurden nach folgender Behandlung gemessen: 58o° C / 8 h/ Goerigpulver + 58o° C/ 84 h im Ammoniakstrom. Bild 47 zeigt die Nitrierschicht, die eine Tiefe von o,1 mm aufweist und gemäß den unterschiedlichen Nitrierzeiten von 8 h und 84 h zweistufig aufgebaut ist. Der Härteverlauf ist Bild 46 zu entnehmen: Kurz unter der Oberfläche beträgt die Härte maximal 165o $HV_{o,o5}$, während das Grundmaterial mit 35o bis 4oo $HV_{o,o5}$ fast unverändert bleibt.

Vergleicht man diese drei untersuchten Verfahren, so scheint sich das Gasnitrieren aufgrund der erreichten Tiefen am besten zur Steigerung der Oberflächenhärte des nicht magnetisierbaren Stahles zu eignen. Die Nitriertemperatur liegt ähnlich wie beim Badnitrieren (57o ° C) mit 58o° C nahe der Auslagerungstemperatur von 6oo ° C, so daß kein wesentlicher Abfall der Härte im Grundkörper eintritt. Die Bestimmung der Magnetisierbarkeit zeigt jedoch, daß nach beiden Prüfmethoden eine starke Erhöhung der magnetischen Kennwerte auftritt (Tabelle 4): Bei einer Nitriertiefe von o,o4 mm (Vorversuch) beträgt $M^* = 2,3$ G cm^3 kg^{-1}, bei o,1 mm Tiefe sogar 11,6 G cm^3 kg^{-1}.

Im Vergleich dazu beträgt M^* für borierte Proben mit einer Schicht von 16 µm o,43/o,47 G cm^3 kg^{-1}.

Sowohl das Nitrieren als auch das Borieren hat also eine deutliche Verschlechterung der magnetischen Eigenschaften zur Folge. Das gleiche gilt für galvanisch aufgebrachte Chrom- oder Nickelschichten, wie sie zur Verbesserung des optischen Eindruckes und zur Minderung des Verschleißes bei Werkzeugen aus Werkzeugstahl üblich sind.

Die vernickelte Probe weist bei einer Schichtdicke von 47 µm einen M^* -Wert von 2,864 G $cm^3 kg^{-1}$ auf, die dünn (1 µm) und dick

(5 µm) verchromten Proben einen Betrag von o,156/o,158 G cm^3 kg^{-1}.

Zum Vergleich dazu der Betrag der unbehandelten Proben:
$M^* = o{,}17 \cdot lo^{-2}$ G cm^3 kg^{-1}

Die letztgenannten Versuche wurden an Proben der Titanlegierung Ti Al6V6Sn2 nicht durchgeführt, da die Behandlung im galvanischen Bad dabei zu einer starken Aufnahme von Wasserstoff führen kann.

6. Technologische Eigenschaften der Werkzeuge

Die Qualität eines Werkzeuges wird nach dem Gesichtspunkt beurteilt, wie gut- oder wie schlecht - es seine Aufgabe erfüllt. Aus diesem Grunde beziehen sich die meisten Prüfmethoden auf den praktischen Einsatz der Werkzeuge, d.h., sie ahmen die später an das Werkzeug gestellten Anforderungen so weit wie möglich nach.

Bei dieser direkten Prüfung wird das zu untersuchende Werkzeug also unter möglichst praxisnahen Bedingungen getestet und gemessen, wie sich seine Eigenschaften eventuell verändern. Es handelt sich dabei um reine Funktionsprüfungen, die direkte und vergleichbare Aussagen über die Güte eines Werkzeuges liefern (118, 119).

Daneben kann die Prüfung eines Werkzeuges auch auf indirektem Wege erfolgen, indem man Erfahrungswerte verschiedener Prüfmethoden oder Ergebnisse wissenschaftlicher Forschungsarbeiten für seine Beurteilung zugrunde legt. So kann man z.B. bei bestimmten Werkzeugen aus der Höhe der Härte auf deren Verschleißverhalten schließen (12o). Dieses Verfahren wird neben der Funktionsprüfung recht häufig angewandt, da es schnell, ohne großen Aufwand und zerstörungsfrei durchgeführt werden kann.

Beide Prüfmethoden haben in den entsprechenden Normen ihren Niederschlag gefunden. In dieser Arbeit soll wegen der Praxisnähe den Funktionsprüfungen der Vorzug gegeben werden.

Probenart	Magnetisierbarkeit Gauß/Oersted	$M^{*}G\ cm^3\ kg^{-1}$
unbehandelt	1,oo12	o,17 · $1o^{-2}$
gasnitriert (o,o4 mm)	1,o24o	2,3
gasnitriert (o,1 mm)	1,o97o	11,6
boriert (16 µm)	1,oo5o/1,oo54	o,43/o,47
vernickelt (47 µm)	1,o56o	2,864
verchromt (1 µm)	1,oo7o	o,158
verchromt (5 µm)	1,oo7o	o,156

Tabelle 4: Einfluß verschiedener Verfahren zur Steigerung der Härte der Oberfläche auf die Magnetisierbarkeit von X 5o CrMnNiV 22 9

6.1 Prüfung von Zangen

Für die Qualität von schneidenden Zangen (Vorn-, Mitten-, Seitenschneider, Kombizange) ist hauptsächlich die Haltbarkeit der Schneide und deren Schneidfähigkeit von Bedeutung.

Die Bestimmung der Schnittkraft ist in DIN 5232 "Greifzangen mit und ohne Schneiden" (121) und DIN 524o "Vorn-, Mitten- und Seitenschneider" (122) festgelegt. Für die in dieser Arbeit gefertigten Zangen - Kombizange und Flachrundzange - gilt die Vorschrift der erstgenannten Norm, daß ein Testdraht mit einer Normzugfestigkeit von 14oo N/mm^2 fünfmal von Handkraft getrennt werden muß, ohne daß an den Schneiden sichtbare Verformungen und Eindrücke entstehen. Der Durchmesser des genormten Prüfdrahtes richtet sich nach der Länge der Zange.

Da diese Prüfung für solche Schneiden vorgesehen ist, die an dieser Stelle eine Härte von mindestens 52 HRc aufweisen sollen, wurden die Werkzeuge aus Ti Al6V6Sn2 und X 5o CrMnNiV 22 9 mit den vergleichsweise geringeren Härten von umgerechnet 4o und 36 HRc zunächst mit "weichen" Testdrähten der Leistungsklasse "W" gemäß DIN 524o geprüft. Diese Leistungsklasse gilt für Vorn-, Mitten- und Seitenschneider beim Trennen von Nichteisenmetallen und weichem Stahl, wobei letzterer etwa die Härte von C 45 - ungehärtet - besitzen soll. Bei dieser Prüfung muß außerdem eine ganz bestimmte Trennkraft eingehalten werden.

Bild 48 zeigt das Prüfgerät, mit dem die Prüfungen durchgeführt worden sind: Das zu prüfende Werkzeug wird in die Auflagevorrichtung eingelegt und die verstellbaren Druckprismen an den Zangenschenkeln in einer Position angebracht, daß der festgelegte Abstand zum Drehgelenk ("Gewerbe"), der bei den einzelnen Zangengrößen und -typen unterschiedlich ist, genau eingehalten wird. Von den beiden Prismen bleibt während des Trennvorganges eines fest positioniert, während das andere die auftretende Bewegung auf den Schenkel eines Meßbügels überträgt, dessen Durchbiegung als Parameter für die Anzeige der Trennkraft auf einer geeichten Meßuhr benutzt wird.

Durch gleichmäßiges Drehen der Antriebsspindel wird der Prüfdraht zunächst eingekerbt; die Trennkraft steigt dabei bis zu einem Haltepunkt gleichmäßig an. Bei weiterer, geringer Zustellung der Spindel wird der Draht dann durchgetrennt. Dieser Haltepunkt gewährleistet ein sicheres Ablesen auf der Skaleneinteilung einer handelsüblichen Meßuhr ohne zusätzlichen Schleppzeiger.

Tabelle 5 enthält die gemäß dem beschriebenen Verfahren ermittelten Meßergebnisse.
Daraus ist zu entnehmen, daß beide Zangentypen aus der Titanlegierung Ti Al6V6Sn2 ausschließlich für das Schneiden von weichen Drähten (Zugfestigkeit $\leq$ 75o N/mm^2) bzw. für weiche Nichteisenlegierungen geeignet sind. Eine Nitrierbehandlung verbessert die Schneidfähigkeit nicht.

Die Schneiden der Werkzeuge aus X 5o CrMnNiV 22 9 drücken sich bereits beim Trennen dieses weichen Drahtes ein: Diese Zangen eignen sich also nur zum Schneiden von weichen Nichteisenmetallen wie Kupfer oder Aluminium.

Nach einer Nitrierbehandlung der ganzen Zange drücken sich die Schneiden beim Trennen von weichem Draht (Zugfestigkeit $\leq$ 75o N/mm^2) zwar nicht mehr ein; unter stärkerer Belastung - also beim Trennen von mittelharten Drähten mit einer Zugfestigkeit von 1565 N/mm^2 - platzt die Nitrierschicht jedoch ab.

6.2 Prüfung von Schraubenschlüsseln

Während die Schneidfähigkeit für eine Zange den wichtigsten Beurteilungsmaßstab darstellt, liegt dieser Maßstab bei Schraubenschlüsseln in deren maximaler Belastbarkeit, d.h., in dem vom Werkzeug maximal übertragbaren Drehmoment.

Die für die einzelnen Schlüsselgrößen und -typen vorgeschriebenen maximalen Drehmomente enthält DIN 899 "Schraubenschlüssel, Technische Lieferbedingungen für handbetätigte Schraubenschlüssel" (123). Diese Werte liegen unter Berücksichtigung eines gewissen Sicherheitsbeiwertes deutlich unter den Bruchdrehmomenten der Werkzeuge; auf diese Weise ist eine "zerstörungsfreie"

Zangentyp	Werkstoff	Prüfdraht Leistungsklasse	Prüfdraht Ø mm	Trennkraft N	Beurteilung	
Kombizange	Ti Al6V6Sn2	W	1,6	3o5	leichte Eindrücke	gut
	"	M	1,6	525	starke Eindrücke	schlecht
	" badnitriert	W	1,6	28o	kaum sichtbare Eindrücke	gut
	" badnitriert	M	1,6	655	starke Eindrücke	schlecht
Flach-Rund-Zange	Ti Al6V6Sn2	W	1,6	337	keine Eindrücke	gut
	"	M	1,6	545	starke Eindrücke	schlecht
	" badnitriert	W	1,6	3o5	kaum sichtbare Eindrücke	gut
	" badnitriert	M	1,6	447	starke Eindrücke	schlecht
Kombizange	X 5o CrMnNiV 22 9	W	1,6	29o	Eindrücke	schlecht
	"	M	1,6	545	starke Eindrücke	schlecht
	" gasnitriert	W	1,6	36o	keine Eindrücke	gut
	" gasnitriert	M	1,6	82o	Nitrierschicht abgebröckelt	schlecht
Flach-Rund-Zange	X 5o CrMnNiV 22 9	W	1,6	337	leichte Eindrücke	schlecht
	"	M	1,6	612	starke Eindrücke	schlecht
	" gasnitriert	W	1,6	3o5	keine Eindrücke	gut
	" gasnitriert	M	1,6	73o	Nitrierschicht abgebröckelt	schlecht

Tabelle 5: Prüfung der Schneidfähigkeit von Zangen aus Ti Al6V6Sn2 und X 5o CrMnNiV 22 9

Prüfung der Werkzeuge möglich, indem man zur Kontrolle stets nur das vorgeschriebene Prüfdrehmoment und nicht das Bruchdrehmoment ermittelt.

Bild 49 zeigt das Prüfgerät, mit dem in der vorliegenden Arbeit die Belastbarkeitsversuche durchgeführt worden sind. Der zu prüfende Schlüssel wird auf ein Gegenstück gesteckt und die Belastung über einen gebogenen Mitnehmer, der die Länge des vorgeschriebenen Hebelarmes besitzt, auf einer Kreisbahn aufgebracht.
Der Mitnehmer ist mit einer Welle verbunden, die mit verschiedenen Gegengewichten zur Einstellung unterschiedlicher Drehmomente versehen werden kann. Ein mit dieser Welle verbundener Zeiger zeigt die jeweilige Belastung des Schraubenschlüssels auf einer Skala an.

In Tabelle 6 sind die an Schraubenschlüsseln aus Ti Al6V6Sn2 und X 5o CrMnNiV 22 9 gemessenen Bruchdrehmomente zusammengestellt und mit den an gleichen Schlüsseln aus Werkzeugstahl (5o CrV 4) gemessenen Werten verglichen.

Die geschmiedeten Werkzeuge entsprechen in ihren Maßen DIN 3113, Blatt 1 "Ring-Maulschlüssel mit gleichen Schlüsselweiten" (6o).
Für Ring und Maul gelten unterschiedliche Prüfvorschriften (123).
Vor dem Bruch wurden alle Werkzeuge 3 mal bis zum Sollwert belastet; nach der ersten Belastung wurde die Maßhaltigkeit des Maules anhand von Endmaßen ermittelt. Diese Prüfung ist in den DIN-Normen nicht enthalten - sie stellt jedoch eine gute Methode zur zusätzlichen Beurteilung der Güte von Schraubenschlüsseln dar.

Alle Schraubenschlüssel aus der Titanlegierung erreichen die vorgeschriebenen Prüfdrehmomente; die Bruchdrehmomente liegen über diesen Werten.

Auch die Werkzeuge aus dem unmagnetischen Stahl erfüllen in allen Fällen die Normvorschrift. Ihre Bruchdrehmomente liegen jedoch nicht so deutlich über dieser Grenze wie die der Titan-Teile.

Die vergleichsweise für Schlüssel aus Werkzeugstahl ermittelten Werte übertreffen beide Ergebnisse weitaus.

Bei der Beurteilung der Maulaufweitung nach einmaliger Belastung mit dem Prüfdrehmoment zeigen die Schlüssel aus der Titanlegierung gemessen an Stahlwerkzeugen zwar einen höheren, jedoch durchaus tolerierbaren Wert. Werkzeuge aus X 5o CrMnNiV 22 9 weiten sich dagegen recht stark auf, so daß die vorgeschriebenen Toleranzen der Schlüsselweite überschritten werden können. Für die Prüfung dieser Teile sollte eine schwächere Prüfvorschrift - eventuell gemäß Reihe D von DIN 899 - angestrebt werden.

6.3 Prüfung von Schraubendrehern

Wie bei Schraubenschlüsseln so ist auch bei Schraubendrehern die Höhe des maximal übertragbaren Drehmomentes der Hauptgesichtspunkt, nach dem die Güte dieser Werkzeuge beurteilt wird. Nach DIN 5263 "Schraubendreher für Schlitzschrauben" (124) dürfen die Schraubendreher nach der Drehmomentenprüfung weder bleibende Verformungen noch sonstige Beschädigungen aufweisen, die ihre Verwendbarkeit beeinträchtigen. Ferner wird gefordert, daß sich aus Sicherheitsgründen diese Werkzeuge vor einem Bruch geringfügig plastisch verformen.

Bild 5o zeigt ein Prüfgerät zur Ermittlung der Bruchdrehmomente bei Schraubendrehern: Der Grundkörper besteht aus einem Maschinenbett mit einem darauf beweglichen Abtriebs- und einem festmontierten Antriebsteil.

Die Abtriebsseite trägt die Meßeinrichtung, und zwar einen Torsionsstab mit einer Vorrichtung, in die Gegenstücke verschiedener Größe und Form (Schlitz, Kreuzschlitz u.ä.) zur Aufnahme der Schneide eingesetzt werden können.

Mit einer Handkurbel wird auf der Antriebsseite über ein Schneckengetriebe das Prüfdrehmoment auf das Werkzeug aufgebracht. Die Verdrehung des Torsionsstabes kann an einer Meßuhr oder einer Skala abgelesen werden. Durch die Verformung der Klinge vor dem Bruch tritt ein Haltepunkt auf, der ein genaues Ablesen des Bruchdrehmomentes erleichtert.

Schlüssel-weite	Werkstoff	Maul Nm Soll	Maul Nm Ist	Ring Nm Soll	Ring Nm Ist	Bruchbeurteilung	Maulaufweitung mm
13 mm	Ti Al6V6Sn2	51,6	8o,4	1o7	161	Ring und Maul gebrochen	o,o4
	X 5o CrMnNiV 22 9	51,6	7o,o	1o7	13o	Maul aufgeweitet, Steg verbogen	o,o9
	5o CrV 4	51,6	118	1o7	147	Werkzeug verbogen	o,o2
17 mm	Ti Al6V6Sn2	1o7	11o	2o1	252	Steg gebrochen	o,19
	X 5o CrMnNiV 22 9	1o7	1o8	2o1	2o5	Maul aufgeweitet, Steg verbogen	o,2o
	5o CrV 4	1o7	2o4	2ol	353	Werkzeug verbogen	o,1o
22 mm	Ti Al6V6Sn2	225	417	368	618	Steg gebrochen	o,o4
	X 5o CrMnNiV 22 9	225	245	368	49o	Maul aufgeweitet, Steg verbogen	o,19
	5o CrV 4	225	324	368	618	Werkzeug verbogen	o,o6

<u>Tabelle 6:</u> Bruchdrehmomente und Maulaufweitung von Schraubenschlüsseln aus Ti Al6V6Sn2 und X 5o CrMnNiV 22 9

Neben den geforderten Prüfdrehmomenten enthält DIN 5263 auch Angaben über die Maße der Gegenstücke.

Tabelle 7 enthält die an Schraubendrehern aus Titan und nichtmagnetisierbarem Stahl - sowie zum Vergleich aus Werkzeugstahl - ermittelten Werte der maximalen Bruchdrehmomente.

Da DIN 5263 nicht für alle möglichen Abmessungen die geforderten Mindestdrehmomente angibt, wurden hier als Soll-Werte vertretbare Vergleichszahlen eingesetzt.

Bis auf eine Ausnahme - die Schraubendreher 1,o x 8 mm aus X 5o CrMnNiV 22 9 - erzielen alle Schraubendreher aus beiden Werkstoffen die geforderten Mindestprüfdrehmomente; der unmagnetische Stahl liegt in seinen Werten geringfügig über den der Titanlegierung, die des Werkzeugstahles erreichen beide jedoch in keinem Fall.

Faßt man die Ergebnisse aller Funktionsprüfungen an Zangen, Schraubenschlüsseln und -drehern zusammen, so ist festzustellen, daß nur die Zangen bezüglich ihrer Schneidfähigkeit die in den Normen für Werkzeuge aus Stahl geforderten Bedingungen nicht erfüllen.

Zangen mit Schneiden aus Ti Al6V6Sn2 eignen sich wie die Werkzeuge aus X 5o CrMnNiV 22 9 im Prinzip nur zum Trennen weicher Nichteisenlegierungen oder -metalle, obwohl mit Zangen aus Titan Prüfdraht der Klasse "W" ohne Schneidenbeschädigung getrennt werden konnte - das gleiche gilt für nitrierte Zangen aus unmagnetischem Stahl.

Abhilfe könnten in diesem Falle angelötete Hartmetallschneiden schaffen oder auch angegossene Schneiden aus harten, verschleißfesten Werkstoffen. Inkaufzunehmen wäre dann allerdings eine Verschlechterung der magnetischen Eigenschaften der Werkzeuge.

Eine Verbesserung der Schneidfähigkeit von Zangen kann auch durch Vergrößerung des üblichen Schneidenwinkels von 7o bis 8o^{o} auf 9o^{o} oder mehr erreicht werden.

Schraubendreher	Werkstoff	Bruchdrehmoment Nm Soll	Ist	
o,5 x 4	Ti Al6V6Sn2	1,1[1)]	1,3	1) gilt gemäß DIN 5263 für Kopfschrauben o,5 x 3,5
	X 5o CrMnNiV 22 9	1,1	1,7	
	5o CrV 4	1,1	3,1	
o,8 x 6	Ti Al6V6Sn2	4,6[2)]	6,5	2) gilt gemäß DIN 5263 für Kopfschrauben o,8 x 5,5
	X 5o CrMnNiV 22 9	4,6	7,o	
	5o CrV 4	4,6	1o,4	
1,o x 8	Ti Al6V6Sn2	15,o[3)]	15,6	3) gilt gemäß DIN 5263 für Kopfschrauben 1,2 x 8
	X 5o CrMnNiV 22 9	15,o	14,8	
	5o CrV 4	15,o	16,3	

Tabelle 7: Bruchdrehmomente von Schraubendrehern aus Ti Al6V6Sn2 und X 5o CrMnNiV 22 9

Alle Schraubenschlüssel aus Ti Al6V6Sn2 und X 5o CrMnNiV 22 9 können mit den für Stahl geforderten Kräften belastet werden. Bei der Prüfung des Maules ist allerdings eine gewisse Aufweitung festzustellen; in diesen Fällen wäre eine Belastung mit geringeren Prüfdrehmomenten (z.B. nach Reihe D (123)) empfehlenswert.

Schraubendreher aus beiden Werkstoffen erfüllen vergleichbare Prüfvorschriften bis auf eine Ausnahme. Der Grund für diese Erscheinung müßte noch ermittelt werden.

Die indirekte Prüfung der Werkzeuge über ihre Härtewerte ist im vorliegenden Falle nicht möglich, da bei der Titanlegierung ein Wert von umgerechnet 39 HRc und bei unmagnetischem Stahl von umgerechnet 37 HRc aufgrund der chemischen Zusammensetzung der Werkstoffe nicht überschritten werden kann.

7. Korrosionsbeständigkeit

Für bestimmte Einsatzgebiete kann das Korrosionsverhalten von Werkzeugen aus Ti Al6V6Sn2 und X 5o CrMnNiV 22 9 im Vergleich zu rost- und säurebeständigen Stählen von Interesse sein. Aushärtbare nichtmagnetisierbare Stähle scheiden wegen ihrer vergleichsweise mäßigen Korrosionsbeständigkeit allerdings von vornherein aus diesen Betrachtungen aus(7). Dagegen sind Titan und seine Legierungen ganz allgemein besonders unempfindlich gegen oxydierende Medien, da sich bei dieser Beanspruchung an der Oberfläche des Materials eine Passivschicht bildet; diese Werkstoffe sind ferner beständig gegen Chlorionen, Kohlenwasserstoffe und in den meisten organischen Säuren. Bei der Vielzahl verschiedener Korrosionsmöglichkeiten seien aus den Angaben der Hersteller (19, 2o, 125, 126) hier nur einige kurze Vergleiche zwischen einer Titanlegierung und zwei unterschiedlichen rost- und säurebeständigen Stählen angestellt (Tabelle 8).

Eine genaue Beschreibung der einzelnen Mechanismen, des Gesamtgebietes "Korrosion" und der optimalen Werkstoffauswahl würde den Rahmen dieses Berichtes überschreiten. Diese Grundlagen sind an anderer Stelle ausführlich veröffentlicht (12, 24, 26, 127).

Aus dieser Gegenüberstellung geht hervor, daß die Korrosionsbeständigkeit der Titanlegierung in den meisten Fällen die beider rost- und säurebeständigen Stähle übertrifft.

Besonders deutlich sind die guten Korrosionseigenschaften der Titanlegierung bei Salzsäure-Angriff erkennbar:

Während für den Stahl X 5 CrNiMo 18 1o für o,5%ige Salzsäure, kochend, bereits ein Abtrag von > 11,o mm/Jahr angegeben wird (Beständigkeitsstufe 3), beträgt der Abtrag der Titanlegierung in 5%iger Salzsäure, kochend, weniger als o,1 mm/Jahr (Beständigkeitsstufe O).
Unter dem Gesichtspunkt einer möglichst guten Korrosionsbeständigkeit sind Werkzeuge aus einer Titanlegierung in den meisten Anwendungsbereichen im Vergleich zu rost- und säurebeständigen Stählen - und natürlich auch zu Werkzeugstählen - vorzuziehen.

8. Wasserstoffaufnahme bei Titanlegierungen

Neben Kohlenstoff, Sauerstoff und Stickstoff kann Titan und seine Legierungen wegen des geringen Atomradius von o,46 Å auch Wasserstoff im Kristallgitter interstitiell aufnehmen. Dies kann zu jedem Zeitpunkt der Verarbeitung geschehen, wenn das entsprechende Metalloidatom dem Werkstoff angeboten wird, also z.B. beim Beizen oder bei der Wärmebehandlung. Aber auch am fertigen Werkstück kann noch eine Wasserstoffaufnahme erfolgen, wenn z.B. gleichzeitig Korrosionsvorgänge ablaufen. Während die erstgenannten Elemente nur mehr oder weniger tief in die Randzonen eindringen und z.B. durch Abbeizen einer gewissen Schicht wieder entfernt werden können (siehe Abschnitt 5.1.2), dringt der Wasserstoff infolge seiner hohen Diffusionsgeschwindigkeit - besonders bei erhöhten Temperaturen - tief in das Kristallgitter ein und besetzt dort Zwischengitterplätze. Die dadurch hervorgerufene Aufweitung des Gitters führt zu inneren Verspannungen und zu Versprödungserscheinungen. Beim Abkühlen des Werkstoffes von erhöhter Temperatur, z.B. aus der Walz- oder Schmiedehitze, dem Lösungsglühen oder Aushärten, scheidet sich der gelöste Wasserstoff unterhalb der eutektoiden Temperatur als Titanhydridphase aus. Die Anwesenheit dieses Hydrides der Form TiH_2 hat eine Verschlechterung der mechanischen Eigenschaften

Angriffsmittel	Konzentration %	Temperatur °C	Titanlegierung Pd o2 +) Beständigkeitsstufe	X lo Cr 13 (W.-Nr. 1.4oo6) Beständigkeitsstufe	X 5 CrNiMo 18 1o (W.-Nr. 1.44o1) Beständigkeitsstufe
Ameisensäure, unbelüftet	85	kochend	o	3	2
Essigsäure (Trichlor)	5o	kochend	o	3	o
Formaldehyd	37	kochend	o	o	o
Königswasser		2o	o	3	3
Phosphorsäure	1o	kochend	1	2	o
Phosphorsäure	8o	2o	1	2	o
Salpetersäure	65	kochend	1	3	1
Schwefelsäure, unbelüftet	5	kochend	1	3	1
Schwefelsäure, unbelüftet	1o	kochend	2	3	2
Schwefelsäure, belüftet	1o	2o	o	3	1
Schwefelsäure, belüftet	1o	7o	1	3	2
Schwefelsäure, belüftet	4o	7o	1	3	2
Zitronensäure	5o	kochend	o	3	1
Oxalsäure	1o	6o	1	3	o
Oxalsäure	25	6o	1	3	o

Tabelle 8:

Vergleich der Korrosionsbeständigkeit zwischen der Titanlegierung Pd O2 und den rost- und säurebeständigen Stählen X lo Cr 13 und X 5 CrNiMo 18 1o

Beständigkeitsstufe	Dickenabnahme mm/Jahr
o	< o,11
1	o,11 bis 1,1
2	1,1 bis 11,o
3	> 11,o

+) Werksbezeichnung Contimet

von Titan und Titanlegierungen zur Folge (128).

Diese Beeinflussung durch Wasserstoffaufnahme ist bei unterschiedlichen Titansorten je nach Legierungstyp verschieden: Während α - Legierungen sehr empfindlich auf schlagartige Beanspruchung reagieren, macht sich ein Abfall der Belastbarkeit bei α/β -Legierungen besonders bei langsamer Beanspruchung bemerkbar.

Während eine natürliche oder künstlich erzeugte Titanoxydschicht an der Oberfläche die Hydridbildung im Inneren des Materials hemmt, erfolgt beim Fehlen dieser Schutzschicht solange eine sehr schnelle Diffusion des Wasserstoffes, bis ein Gleichgewicht zwischen dem Wasserstoffpartialdruck im Inneren des Werkstoffes und seinem Außenpartialdruck hergestellt worden ist. Der Umfang der Wasserstoffaufnahme ist also hauptsächlich abhängig von dem an der Materialoberfläche herrschenden Wasserstoffpartialdruck, der Zeit und der Temperatur.

Umfangreiche Untersuchungen (22,128,129,13o) haben ergeben, daß der Wasserstoffgehalt in Titan und Titanlegierungen möglichst auf einen Wert von $\leq$ 125 ppm begrenzt werden muß, wenn das Werkstück seine optimalen mechanischen Eigenschaften erreichen soll.

Anhand von Wasserstoffanalysen, die nach jedem Arbeitsgang, bei dem eine Erwärmung des Materials erfolgte, vorgenommen worden sind, läßt sich die Wasserstoffaufnahme der Titanlegierung Ti Al6V6Sn2 während der Fertigung der Werkzeuge genau verfolgen.

Tabelle 9 enthält die gemessenen Werte nach den einzelnen Operationen:
Bis zum Aushärten der Teile hat sich der Wasserstoffgehalt aller Werkzeuge so gut wie nicht geändert. Die bei der Erwärmung getroffenen Schutzmaßnahmen (siehe Abschnitte 5.1.2 und 5.1.3) - also einmal der Glasüberzug bei der Erwärmung auf Schmiedetemperatur und zum anderen das Glühen unter Schutzgas - haben sich demnach ausgezeichnet bewährt.

Während des Aushärtens hat dann jedoch eine so kräftige Hydridbildung eingesetzt, daß die zulässige Grenze von 125 ppm mit ca. 35o ppm weit überschritten worden ist. Eine nachträgliche Überprüfung der Wärmebehandlungsanlage ergab, daß der Glühkasten infolge einer gerissenen Schweißnaht ein großes Leck aufwies: Das Aushärten - 3 h lang bei 6oo° C - erfolgte also unter fast atmosphärischen Bedingungen. Trotzdem ist die gemessene Wasserstoffaufnahme durch diesen Fehler allein theoretisch schwer erklärbar, da bei einer Temperatur von 6oo° C auch eine Glühzeit von 3 h keine so starke Steigerung des Wasserstoffgehaltes zur Folge haben kann.

Diejenigen Werkzeuge, die nach dem Aushärten zusätzlich nitriert worden sind, weisen den gleichen hohen Wasserstoffgehalt auf wie die Teile im ausgehärteten Zustand. Eine Wasserstoffaufnahme während der Nitrierbehandlung hat offensichtlich nicht stattgefunden.

9. Gewichtsersparnis bei Werkzeugen aus Titanlegierungen

Einer der Hauptvorteile, die der Einsatz von Titan und Titanlegierungen bietet, ist die bedeutende Gewichtsersparnis dieses Materials gegenüber Stahl. Dabei sind die mechanischen Eigenschaften von Bauteilen aus Titan und Titanlegierungen je nach Anwendungsbereich mit denen von Teilen aus Stahl oft durchaus zu vergleichen.

Wegen dieser Gewichtsersparnis hat die Flugzeugindustrie und später die Raumfahrtindustrie in immer stärkerem Maße Titan für ihre Produkte eingesetzt; das gleiche gilt für den Automobilrennsport (73, 76).

Der mengenbezogene Anteil von Titan- und Titanlegierungen erreicht z.B. in einem Unterschalltriebwerk ca. 3o% des Triebwerksgewichtes; im Zellenbau ist dieser Anteil noch höher (17).

Es wäre denkbar, daß auch bei Handwerkzeugen diese Gewichtsersparnis in ganz bestimmten Fällen Vorteile schafft; immer dann nämlich, wenn große Wege ohne geeignete Transportmittel zurückzulegen sind:

Werkstück	Probenahme nach dem Arbeitsgang	Wasserstoffgehalt ppm
Knüppel	Anlieferungszustand	< 125/13o 1)
Kombizange	geglüht	64
	lösungsgeglüht	51
	ausgehärtet	36o
	badnitriert 2)	343/331
Flach-Rund-Zange	Schmiedezustand	11o
	geglüht	69
	lösungsgeglüht	72
	ausgehärtet	329
Schraubenschlüssel	geglüht	58
	lösungsgeglüht	67
	ausgehärtet	373

<u>Tabelle 9:</u> Wasserstoffaufnahme von Werkzeugen aus Ti Al6V6Sn2 nach den einzelnen Arbeitsgängen

1) Angaben des Lieferanten gem. Werksattest

2) Tiduran-Verfahren ®

z.B. im Gebirge, bei der Montage von Hochspannungsleitungen.

Tabelle lo enthält einen Gewichtsvergleich der aus der Titanlegierung Ti Al6V6Sn2 gefertigten Werkzeuge mit den gleichen aus Werkzeugstahl hergestellten Teilen sowie den Werkzeugen aus dem nichtmagnetisierbaren Stahl X 5o CrMnNiV 22 9.

Legt man für die Titanlegierung eine Dichte von 4,5o g/cm^3, für den nichtmagnetisierbaren Stahl von 7,9o g/cm^3 und für Werkzeugstahl von 7,8o g/cm^3 zugrunde, so ergibt sich bei Verwendung von Titan eine Gewichtsersparnis von ca. 43% gegenüber Stahl (18, 19, 24, 26).

Dieser theoretisch ermittelte Wert stimmt in einigen Fällen mit dem praktisch an den Werkzeugen gemessenen nicht überein: Der Grund hierfür liegt in Maßdifferenzen und in herstellungsbedingten Unterschieden (z.B. bei der Griffbefestigung).

Die Gewichtsersparnis bei Werkzeugen aus Titan kann also mit ca. 4o% angegeben werden; dieser Betrag verringert sich, wenn der Anteil von Kunststoff am Werkzeug ansteigt.

lo. Zusammenfassung

Für ganz bestimmte spezielle Anwendungsbereiche, z.B. in der Elektroindustrie, in der chemischen Industrie oder in der Raumfahrt, können unmagnetische Handwerkzeuge durchaus von einer gewissen Bedeutung sein.

In der vorliegenden Arbeit wurden 11 verschiedene Werkstoffe bezüglich ihrer Eignung für die Herstellung von nichtmagnetisierbaren Handwerkzeugen untersucht, die im Sinne der Raumfahrt "magnetisch rein" sein sollen. Die Überprüfung bezog sich auf die Magnetisierbarkeit der Werkstoffe, ihre Festigkeit, Schmiedbarkeit und Bearbeitbarkeit. Aufgrund dieser Ergebnisse sind eine Titanlegierung - Ti Al6V6Sn2 - und ein nichtmagnetisierbarer Stahl - X 5o CrMnNiV 22 9 - für die Anfertigung der Teile ausgewählt worden. Von beiden Materialien wurden Kombizangen, Flachrundzangen, Schraubenschlüssel (Schlüsselweite 13, 17 und 22 mm) sowie Schraubendreher (1,o x 8,o, o,8 x 6,o , o,5 x 4,o mm) gefertigt.

Werkzeug	Ti Al6V6Sn2 g	X 5o CrMnNiV 22 9 g	Werkzeugstahl g	Verhältnis Ti/Stahl %	
Kombizange	153	255	269	43,1	
Flach-Rund-Zange	1oo	173	167	4o,1	
Schraubenschlüssel					
s = 22 mm	125	228	195	35,8	
s = 17 mm	55	1o5	94	41,4	
s = 13 mm	31	59	53	41,5	
Schraubendreher					
1,o x 8,o mm	1o3	139	125	17,6	mit Griff
o,8 x 6,o mm	67	86	95	29,4	
o,5 x 4,o mm	29	36	45	35,5	
1,o x 8,o mm	52	88	78	33,3	ohne Griff
o,8 x 6,o mm	26	46	48	45,8	
o,5 x 4,o mm	9	17	16	43,75	

Tabelle lo: Gewichtsvergleich von Werkzeugen aus Ti A^{l}6V6Sn2, X 5o CrMnNiV 22 9 und Werkzeugstahl

Die Bilder 51 bis 58 zeigen diese Werkzeuge aus der Titanlegierung Ti Al6V6Sn2. Dabei wurde besonderer Wert darauf gelegt, dazu die Werkzeuge der normalen Produktion zu verwenden und keine teuren Sonderanfertigungen einzusetzen; große Stückzahlen sind bei nichtmagnetisierbaren Werkzeugen kaum zu erwarten. Die meisten Arbeitsgänge erfolgten also entgegen den Vorschriften und Anweisungen, die im allgemeinen für die Verarbeitung dieser Sonderwerkstoffe von den Herstellern oder in Veröffentlichungen gegeben werden.

Besondere Schwierigkeiten sind bei der Fertigung des Vormaterials für das Schmieden zu erwarten: Einmal werden die genannten Werkstoffe nicht in den benötigten Flachabmessungen auf dem Markt angeboten, zum anderen wird das für die Rohlingsherstellung typische "Spalten" aufgrund der hohen Glühfestigkeitswerte beider Materialien wahrscheinlich nicht zu bewerkstelligen sein.

Unter Berücksichtigung bestimmter Bedingungen können die Rohlinge sowohl mit einer Kreissäge als auch mit einer Bügelsäge getrennt werden.

Beim Schmieden treten ebenfalls keine Schwierigkeiten auf, wenn gewisse Punkte genügend beachtet werden. Dies bezieht sich u.a. auf die Einhaltung der Schmiedetemperatur, die Vermeidung örtlicher Überhitzungen, die Berücksichtigung bestimmter Umformgrade und die Auswahl geeigneter Umformmaschinen.

Die mechanische Bearbeitung muß mit gegenüber Bau- oder Werkzeugstählen verminderten Schnitt- und Vorschubgeschwindigkeiten vorgenommen werden. Besonders wichtig ist eine möglichst starre Einspannung von Werkzeug und Werkstück sowie das Arbeiten mit Maschinenvorschub. Die Methode des Räumens eignet sich für diese Werkstoffe schlecht.

Das Richten verzogener Teile sollte stets in warmem Zustand, etwa bei 3oo^{o} C, erfolgen.

Um die Härte an der Oberfläche der Handwerkzeuge zu erhöhen, wurden Versuche unternommen, die Teile zu borieren, zu nitrieren und aufzukohlen. Borieren und Nitrieren führen zu mehr oder weniger starken harten Schichten, beide Verfahren verschlechtern allerdings bei dem unmagnetischen Stahl - nicht bei der Titanlegierung - die magnetischen Eigenschaften - die "magnetische Reinheit" - der Werkstoffe.

Die Prüfung der technologischen Eigenschaften der Werkzeuge mittels verschiedener Funktionsprüfungen ergibt, daß sowohl die Schraubenschlüssel als auch die Schraubendreher die in den betreffenden Normen für Werkzeuge aus Stahl geforderten Bedingungen im großen und ganzen erfüllen. Schneidende Zangen eignen sich ausschließlich zum Trennen von weichem Draht oder Draht aus weichen Nichteisenlegierungen oder -metallen.

Bei der Verarbeitung von Titan und Titanlegierungen besteht die Gefahr einer Wasserstoffaufnahme, die eine Verschlechterung der mechanischen Eigenschaften zur Folge hat. Durch geeignete Maßnahmen (Schutzüberzug über das Vormaterial, Wärmebehandlung unter Schutzgas) kann dieser Fehler vermieden werden.

Ein theoretischer Vergleich der Korrosionsbeständigkeit von Ti Al6V6Sn2 und X 5o CrMnNiV 22 9 fällt zu Gunsten der Titanlegierung aus.

Vergleicht man abschließend beide Werkstoffe in allen untersuchten Punkten miteinander, so kann festgestellt werden, daß die Anfertigung unmagnetischer Handwerkzeuge aus der Titanlegierung Ti Al6V6Sn2 am sinnvollsten erscheint. Diese Aussage bezieht sich nicht nur auf die günstigere Magnetisierbarkeit und den Gewichtsunterschied gegenüber Stahl, sondern auch auf die Bearbeitbarkeit und Korrosionsbeständigkeit.

11. Folgerungen für die Praxis

11.1 Für die Herstellung von unmagnetischen Werkzeugen, die "magnetisch rein" im Sinne der Raumfahrt sein sollen, eignen sich am besten Titanlegierungen. Ein weiterer Vorteil dieser Werkstoffe liegt in der Gewichtsersparnis, den mechanischen Eigenschaften und der Korrosionsbeständigkeit.

11.2 Beim Spalten des Vormaterials sind wegen der vergleichsweise hohen Glühfestigkeit Schwierigkeiten zu erwarten. Die Schmiedevorform kann jedoch auch mit anderen Verfahren angefertigt werden.

11.3 Die Vorformen müssen vor dem Schmieden mit einem Glasüberzug versehen werden.

11.4 Schmiedestücke können in Gesenken für Rohlinge aus Stahl unter Hämmern mit hoher Umformgeschwindigkeit hergestellt werden.

11.5 Schmiedetemperaturen, Liegezeiten und Umformgrad sind genau einzuhalten. Die Umformmaschinen müssen ausreichend stark ausgelegt sein.

11.6 Während des Schmiedens darf keine starke Eigenerwärmung des Rohlings eintreten.

11.7 Wegen des von Stahl unterschiedlichen Schwindmaßes können Rohlinge aus Titan nicht in Schnitten aus Stahl entgratet werden (kalt).

11.8 Alle Wärmebehandlungen müssen unter Schutzgas ausgeführt werden.

11.9 Eine Zerspanung von Werkstücken aus einer Titanlegierung mit "normalen" Werkzeugen für Stahl ist durchaus möglich. Bei der Bearbeitung müssen Werkzeug und Werkstück möglichst starr eingespannt sein. Die Maschinen sollten ausreichend stark ausgelegt sein. Handvorschub ist zu vermeiden.

11.1o Verzogene Teile müssen zum Richten angewärmt werden (ca. 3oo^{o} C).

11.11 Das Zerspanverfahren "Räumen" sollte nach Möglichkeit vermieden werden.

11.12 Während Schraubenschlüssel und Schraubendreher aus Titan die Belastbarkeitsanforderungen für Werkzeuge aus Stahl erfüllen, können schneidende Zangen nur weiche Drähte trennen.

11.13 Durch Borieren und Nitrieren können mehr oder weniger dicke harte Oberflächenschichten erreicht werden.

11.14 Der Gewichtsunterschied von Werkzeugen aus Titan gegenüber den gleichen Teilen aus Stahl beträgt ca. 4o%.

12. Literaturnachweis

1 RIEDRICH, G.:
Unmagnetische Baustähle mit 17 bis 18% Mangan,
Stahl u. Eisen 60 (1940) 37, S. 815-818

2 GRASS, W.:
Entwicklung und Stand der nichtmagnetisierbaren Stähle,
Stahl u. Eisen 75 (1955) 23, S. 1558-1562

3 KRONEIS, M. u. R. GATTRINGER:
Nichtmagnetisierbare Stähle für hohe mechanische Beanspruchungen,
Stahl u. Eisen 81 (1961) 7, S. 431-445

4 BUNGARDT, K. u. H. DIETRICH:
Werkstoffe mit temperatur- und feldstärkenunabhängiger Permeabilität,
Archiv für das Eisenhüttenwesen 33 (1962) 11, S. 783-790

5 Baustähle
Druckschrift Nr. 1223/3, April 1964,
Deutsche Edelstahlwerke AG

6 Unmagnetische Stähle
Druckschrift Nr. 0124/1, Mai 1967,
Edelstahlwerk Witten

7 Amagnetische Stähle
Druckschrift Nr. 370, April 1969,
Stahlwerke Südwestfalen AG

8 RÜDINGER, K.:
Ein neuer Titanschmelzbetrieb,
Industrie-Anzeiger 93 (1971) 30, S. 642-643

9 RÜDINGER, K.:
Herstellung, Eigenschaften und Verwendung von Titan,
Industrie-Anzeiger (1959) 1, S. 2-5

10 WEIGAND, H.H.:
Derzeitiger Stand der Entwicklung warmfester Titanlegierungen,
Jahrbuch 1959 der WGL

11 WEIGAND, H.H.:
Titan und Titanlegierungen,
Stahl u. Eisen (1960) 3, S. 174-182
Stahl u. Eisen (1960) 5, S. 301-309

12 KNORR, W.:
Eigenschaften und Anwendung von Titan und Titanlegierungen,
TZ f. praktische Metallbearbeitung 58 (1964) 8, S. 431-436
TZ f. praktische Metallbearbeitung 59 (1965) 4, S. 253-257

13 ERBIN, E.F.:
Titan,
Machine Design 37 (1965) 21, S. 89-92

14 HAMERAK, K.:
Titan - ein Metall mit großer Zukunft,
Industrie-Anzeiger 89 (1967) 92, S. 17-19

15 RÜDINGER, K. u. A. ISMER:
Derzeitiger Stand und Entwicklungstendenzen der Titanwerkstoffe für die Luftfahrt,
DEW Technische Berichte 9 (1969) 1, S. 49-53

16 SERAPHIN, M.:
Le titane et ses alliages,
Traitement Thermique (1969) 43, S. 19-33

17 RÜDINGER, K.:
Schmiede- und Preßteile aus Titanlegierungen für die Luftfahrt,
Luftfahrttechnik/Raumfahrttechnik 16 (1970) 11/12, S. 278-283

18 Titan und Titanlegierungen
Contimet Druckschrift C 16, Ausgabe Dezember 1972

19 Eigenschaften von Titan und Titanlegierungen
Contimet Druckschrift C 17, Ausgabe April 1972

20 Contimet-Titan zur Lösung von Korrosionsfragen
Contimet Informationsschrift

21 Ein junger Werkstoff mit großer Zukunft
Contimet Informationsschrift

22 ZWICKER, U.:
Titan und Titanlegierungen,
Springer-Verlag, Berlin/Heidelberg, New York 1974

23 Lerbs® - Werksnorm NM
Lerbs-Gerätebau, Bremen, Oktober 1972

24 HOUDREMONT, E.:
Handbuch der Sonderstahlkunde,
Verlag Stahleisen, Düsseldorf, 1956

25 POHL, R.W.:
Elektrizitätslehre,
Springer-Verlag, Berlin/Göttingen/Heidelberg 1964

26 DAEVES, K.:
Werkstoffhandbuch Stahl und Eisen,
Verlag Stahleisen, Düsseldorf, 1965

27 WESTPHAL, W.-H.:
Physik
Springer-Verlag, Berlin, 1970

28 WEVER, F. u. W. LUEG:
Warmstauchversuche zur Ermittlung der Formänderungsfestigkeit von Gesenkschmiedestählen,
Forschungsbericht des Landes NW Nr. 283, 1956
Westdeutscher Verlag, Köln/Opladen

29 MEYER, H.:
Zahlenwerte über die Umformfestigkeit von unlegierten und legierten Stählen nach neueren Schrifttumsangaben,
Werkstattstechnik und Maschinenbau 48 (1958) 12, S. 673-676

30 LANGE, K.:
Gesenkschmieden von Stahl,
Springer-Verlag, Berlin/Göttingen/Heidelberg, 1958

31 VDI-Richtlinie 3200, Blatt 2
Fließkurven metallischer Werkstoffe,
April 1964

32 FGS-Blatt G 1
Fließkurven von Stählen,
Mitteilung der Forschungsstelle Gesenkschmieden an der TH Hannover, Oktober 1965

33 WEBER, K.H. u. E. PFLAUME:
Beurteilung der Umformbarkeit beim Schmieden,
Neue Hütte 15 (1970) 8, S. 154-158

34 LANGE, K.:
Fließkurvenermittlung mit geringem Aufwand,
Industrie-Anzeiger 94 (1972) 83, S. 1973-1974

35 ZIDEK, M. u.a.:
Einfluß der Temperatur, der chemischen Zusammensetzung und des Gefüges auf die Formänderungsfestigkeit von Stahl,
Industrie-Anzeiger 94 (1972) 83, S. 1999-2000

36 BEER, H.J.:
Einfluß der Temperatur, Umformgeschwindigkeit und chemischen Zusammensetzung bei der Warmumformung von Stahl,
VDI-Z 116 (1974) 16, S. 1308-1315

37 KREKELER, K.:
Zerspanbarkeit der metallischen und nichtmetallischen Werkstoffe,
Springer-Verlag, Berlin/Göttingen/Heidelberg, 1951

38 KLAUS, F., W. KÖNIG, W. LÜCKERATH u. H. SIEBEL:
Stand der Erkenntnisse über die Zerspanbarkeit der Stähle,
Bericht Nr. 1488 des Werkstoffausschusses des Vereins Deutscher Eisenhüttenleute,
Stahl u. Eisen 85 (1965) 25, S. 1669-1686

39 SCHRAAG, O. u. P. STEINBACH:
Zerspanbarkeit der Werkstoffe,
Werkstatt und Betrieb 104 (1971) 8, S. 587-590

40 DROSCHA, H.:
Verbesserte Schneidkeramik für die Zerspanung,
Werkstatt und Betrieb 104 (1971) 5, S. 322

41 TIPNIS, V.A.:
Zerspanung rostfreier Stähle,
Werkstatt und Betrieb 104 (1971) 5, S. 323-330

42 KÖNIG, W. u. K. ESSEL:
Spezifische Schnittkraftwerte für die Zerspanung metallischer Werkstoffe,
Verlag Stahleisen, Düsseldorf, 1973

43 JONCK, R.:
Verarbeitungsverhalten wärmebehandelter Eisen-Kohlenstoff-Legierungen,
Härterei-Technische-Mitteilungen 30 (1975) 5, S. 255-260

44 VICTOR, H.R.:
Zerspankennwerte,
Industrie-Anzeiger 98 (1976) 102, S. 1825-1830

45 FAHRENWALDT, H.J. u. U. THEILEN:
Prüfung der Zerspanbarkeit bei metallischen Werkstoffen,
Maschinenmarkt 82 (1976) 95, S. 1838-1841

46 Nichtmagnetisierbare Stähle
Stahl-Eisen-Werkstoffblatt Nr. 390-61
Verlag Stahleisen, Düsseldorf

47 RUPPRECHT, B.:
Wirtschaftliches Bandschleifen von Titan,
Industrie-Anzeiger (1958) 19, S. 280-284

48 RÜDINGER, K.:
Über die Verarbeitung von Titan und Titan-Legierungen,
Luftfahrttechnik (1959) 7, S. 249-255

49 KREIS, W.:
Zerspanbarkeit der Titanwerkstoffe,
Industrie-Anzeiger 96 (1974) 55, S. 1241-1245

50 HÖNSCHEID, W.:
Abgrenzung werkstoffgerechter Schleifbedingungen für die Titanlegierung TiAl 6 V 4,
Dissertation TH Aachen 1975

51 KÖNIG, W. u. SCHRÖDER, K.H.:
Stirnfräsen von Titanwerkstoffen,
Industrie-Anzeiger 97 (1975) 77, S. 1657-1661

52 Ein Titan, der auch mit Titan fertig wird,
Veröffentlichung der Fa. Gühring

53 Fräsen von Titan und Titanlegierungen
Contimet Technische Mitteilung Nr. 35.02

54 Bohren von Titan und Titanlegierungen
Contimet Technische Mitteilung Nr. 35.04

55 Drehen von Titan und Titanlegierungen
Contimet Technische Mitteilung Nr. 35.01

56 Sägen und Trennen von Titan und Titanlegierungen
Contimet Technische Mitteilung Nr. 35.03

57 Titan-Information
Informationsschrift der Fa. Contimet, Ausgabe Hannover 1974

58 DIN 5244
Kombinationszangen
Beuth-Vertrieb, Köln

59 DIN 5236
Flachrundzangen
Beuth-Vertrieb, Köln

60 DIN 3113, Blatt 1
Ring-Maulschlüssel mit gleichen Schlüsselweiten
Kurze Ausführung
Beuth-Vertrieb, Köln

61 BUNGARDT, K. u. RÜDINGER, K.:
Rekristallisationsverhalten von Titan,
Metall (1960) 10, S. 988-994

62 BUNGARDT, K., K. RÜDINGER u. H.H. WEIGAND:
Einfluß von Vanadium, Molybdän und Chrom auf die Eigenschaften
von $\alpha+\beta$-Titanlegierungen mit Aluminium bei erhöhter Temperatur,
Zeitschrift für Metallkunde (1960) 8, S. 466-476

63 BUNGARDT, K. u. H.H. WEIGAND:
Beitrag zum Einfluß von Zinn auf die Eigenschaften von Titan,
Zeitschrift für Metallkunde 51 (1960) 3, S. 181-185

64 BUNGARDT, K. u. K. RÜDINGER:
Über das Umwandlungsverhalten von Titan-Molybdän-Legierungen,
Zeitschrift für Metallkunde (1961) 2, S. 120-135

65 BÜHLER, H. u. H.W. WAGENER:
Umformeigenschaften von Titan und Titanlegierungen (I),
Bänder Bleche Rohre 6 (1965) 11, S. 625-668

66 BÜHLER, H. u. H.W. WAGENER:
Umformeigenschaften von Titan und Titanlegierungen (II),
Bänder Bleche Rohre 6 (1965) 12, S. 677-684

67 BÜHLER, H. u. H.W. WAGENER:
Umformeigenschaften der Titanlegierung TiAl 8 Mo 1 V 1,
Bänder Bleche Rohre 7 (1966) 8, S. 467-471

68 VAN KANN, H.:
Der Einfluß von Verformungsbedingungen beim Gesenkschmieden
auf die mechanischen Eigenschaften von Gesenkschmiedestücken
aus Titan-Legierungen,
TZ f. praktische Metallbearbeitung 61 (1967) 6, S. 325-330

69 DIDERRICH, E., K. RÜDINGER, G. TURLACH, L. HABRAKEN:
Addition of Cobalt to the Ti-6Al-4V Alloy,
Journal of Metals, Mai 1968

70 KLEIN, J.:
Unterschiede beim Schmieden von Titan und Stahl,
Precision Metal 26 (1968) 2, S. 41, 43, 58

71 WAGENER, H.W.:
Erholung und Rekristallisation bei der Umformung von Titan und Zirkonium,
Metall 22 (1968) 2, S. 123-130

72 RÜDINGER, K.:
Besonderheiten beim Schmieden von Titanlegierungen,
DEW Internationales Symposium, Krefeld, Mai 1970

73 MEZGER, H. u. E. STREHLER:
Erfahrungen mit Titan im Automobilbau,
Automobil-Industrie 17 (1972) 1

74 WILHELM, H.:
Das Umformverhalten von Blechen aus Titanwerkstoffen im einachsigen Zugversuch bei verschiedenen Temperaturen,
Industrie-Anzeiger 95 (1973) 10, S. 171-172

75 BERGGREEN, J. u. G. GANS:
Titan - ein schwieriger Werkstoff ?
Konstruktionselemente - Methoden (1974) Juli, S. 25-30

76 MEZGER, H.:
Zehn Jahre Erfahrung mit Titan im Automobilbau,
VDI-Z 117 (1975) 7, S. 319-326

77 WILHELM, H.:
Über das Umformverhalten von Blechen aus Titan und Titanlegierungen,
Dissertation Universität Stuttgart 1975

78 WILHELM, H.:
Das Verhalten von Blechen aus Titan und Titanlegierungen beim Biegen im V-Gesenk,
Bänder Bleche Rohre 17 (1976) 7, S. 284-288

79 Umformung von Stahl durch Gesenkschmieden,
Verband Deutscher Gesenkschmieden, Hagen

80 SCHMIDT, W.:
Beziehungen zwischen Härte und Zugfestigkeit,
Blech 16 (1969) 10, S. 563-571

81 FINNERN, B.:
Verschleißfeste Oberflächen durch eine Behandlung von Bauteilen aus Titan und Titanlegierungen im Salzbad,
DURFERRIT-Technische Mitteilungen der Fa. Degussa,
Härterei-Technische Mitteilungen 26 (1971) 1, S. 47-52

82 FINNERN, B.:
Verschleißfeste Titanbauteile durch eine TIDURAN-Behandlung,
Fachberichte für Oberflächentechnik 9 (1971) 5, S. 174-178

83 BOGOMOLOV, V.A., A.A. GOVOROV u. L.I. KUZNETSOV:
Titanium Alloy Hardened by Carbonitriding,
Metal Science and Heat Treatment 16 (1974) 7/8, S. 633-635

84 CHATTERJEE-FISCHER, R.:
Verschleißmindernde Schichten auf Titan,
Härterei-Technische Mitteilungen 30 (1975) 5, S. 291-292

85 KUNST, H. u. O. SCHAABER:
Beobachtungen beim Oberflächenborieren von Stahl,
Härterei-Technische Mitteilungen 22 (1967) 1, S. 1-25

86 KUNST, H. u. O. SCHAABER:
Beobachtungen beim Oberflächenborieren von Stahl,
Härterei-Technische Mitteilungen 22 (1967) 4, S. 275-292

87 KUNST, H. u. O. SCHAABER:
Das Borieren von Stahl,
Mitteilung aus dem Institut für Härterei-Technik, Abhandlung 89

88 KUNST, H.:
Superharte Boridschichten auf Stahl,
Mitteilung aus dem Institut für Härterei-Technik, Abhandlung 132

89 KUNST, H. u. O. SCHAABER:
Borieren von Eisenwerkstoffen und Titan,
Härterei-Technische Mitteilungen 26 (1971) 1, S. 18-20

90 LUBKIEWICZ, J. u. J. TACIKOWSKI:
Eigenschaften von Borierschichten auf Stählen mittleren Kohlenstoffgehaltes,
Härterei-Technische Mitteilungen 27 (1972) 3, S. 174-180

91 ATENS, H. von u. H. KUNST:
Über die Festigkeits- und Zähigkeitseigenschaften borierten Stahles,
Härterei-Technische Mitteilungen 28 (1973) S. 266-270

92 FICHTL, W.:
Borieren - Ein Verfahren zur Erzeugung extrem harter Oberflächen,
Industrie-Anzeiger 95 (1973) 88, S. 2029-2033

93 HAUFE, W.:
Borierverfahren für Stahl zur Verbesserung der Werkzeugstandzeit,
Maschinenmarkt 80 (1974) 29, S. 493-497

94 FICHTL, W.:
Über neue Erkenntnisse auf dem Gebiet des Oberflächenborierens,
Härterei-Technische Mitteilungen 29 (1974) 2, S. 113-119

95 KUNST, H.:
Eindiffundieren von Bor in die Werkstückoberfläche zur Verschleißminderung,
Maschinenmarkt 80 (1974) 92, S. 1898-1901

96 HABIG, K.H. u. H. KUNST:
Modellverschleißuntersuchungen an boriertem und anders wärmebehandeltem Stahl C 45,
Härterei-Technische Mitteilungen 30 (1975) 2, S. 99-105

97 KUNST, H.:
Zur Frage der harten Schichten
I. Borieren metallischer Werkstoffe - Rückblick,
Härterei-Technische Mitteilungen 30 (1975) 5, S. 288-291

98 WAHL, G.:
Borieren - ein Verfahren zur Erzeugung harter Oberflächen bei extremer Verschleißbeanspruchung,
VDI-Z 117 (1975) 17, S. 785-789

99 KUNST, H.:
Borieren - Neuere Anwendungsbeispiele,
1976

100 Elektroschmelzwerk Kempten GmbH
Borieren
Merkblatt 1 bis 9

101 MATUSCHKA, A. u. W. FICHTL:
Borieren mit borcarbidhaltigen Borierpulvern,
Elektroschmelzwerk Kempten GmbH

102 Tenifer® - Mitteilungen
Nr. 53, 89, 106
Degussa, Durferrit Hanau

103 EYSELL, F.W.:
Über das Badnitrieren von Werkzeugen,
Werkstatt und Betrieb (1965) 5, S. 273-277

104 Durferrit-Hausmitteilungen
Heft 38, 1966
Degussa, Durferrit Hanau

105 FINNERN, B.:
Die Prüfung badnitrierter Bauteile,
Härterei-Technische Mitteilungen 20 (1965) 1, S. 50-57

106 EYSELL, F.W.:
Herstellung und Behandlung von Strangpreßwerkzeugen,
III. Behandlung von Strangpreßwerkzeugen durch Salzbadnitrierung,
Zeitschrift für Metallkunde 58 (1967) 5, S. 285-288

107 FINNERN, B.:
Badnitrieren - eine verzugsarme Wärmebehandlung,
Maschinenmarkt 76 (1970) 24, S. 460-463

108 Tenifer®
Degussa, Durferrit Hanau

109 SCHMIDT, P.W.:
Nitrieren
Das Industrieblatt 63 (1963) 11, S. 719-722

110 WIEGAND, H.:
Über den derzeitigen Stand der Nitrierung,
Härterei-Technische Mitteilungen 21 (1966) 4, S. 263-270

111 BRÄUTIGAM, F.:
Nitrieren von Maschinenbauteilen,
TZ für praktische Metallbearbeitung 60 (1966) 10, S. 653-659

112 BRÄUTIGAM, F.:
Nitrieren von Maschinenteilen im Ammoniakgasstrom,
Industrie-Anzeiger 96 (1974) 78, S. 1810-1811

113 BRÄUTIGAM, F.:
Oberflächenhärten von Schnecken für Schneckengetriebe,
Werkstatt und Betrieb 107 (1974) 10, S. 619-620

114 ENKE, C.G.:
Welche Stähle sind nitrierfähig ?
Die Maschine 5 (1976) 1, S. 11-13

115 BENNINGHOFF, H.:
Borieren und Nitrieren,
Industrie-Anzeiger 98 (1976) 34, S. 592-594

116 BRÄUTIGAM, F.:
Nitrieren im Ammoniakgasstrom,
Industrie-Anzeiger 98 (1976) 45, S. 778-779

117 VETTER, K.:
Stähle für das Einsatzhärten, Nitrieren und Oberflächenhärten,
VDI-Z 119 (1977) 3, S. 163-165

118 HUBER, H.:
Moderne Werkzeuge in ständiger Bewährung,
Das Eisenhändler Fachblatt 77 (1970) 15, S. 12-13

119 HUBER, H.:
Prüfverfahren für Handwerkzeuge,
Werkstattstechnik 62 (1972) 10, S. 614-616

120 HUBER, H.:
Verschleißbeständigkeit und Belastbarkeit bei Kaltarbeitsstählen in Abhängigkeit von der Wärmebehandlung am Beispiel von Schraubendrehern für Schlagschrauber,
Härterei-Technische Mitteilungen 28 (1973) 1, S. 33-40

121 DIN 5232
Greifzangen mit und ohne Schneiden,
Beuth-Vertrieb, Köln

122 DIN 5240
Vorn-, Mitten- und Seitenschneider
Beuth-Vertrieb, Köln

123 DIN 899
Schraubenschlüssel,
Technische Lieferbedingungen für handbetätigte Schraubenschlüssel,
Beuth-Vertrieb, Köln

124 DIN 5263
Schraubendreher für Schlitzschrauben,
Beuth-Vertrieb, Köln

125 Remanit-Stähle, rost- und säurebeständig,
Druckschrift 1124/2, April 1964
Deutsche Edelstahlwerke AG, Krefeld (jetzt: TEW)

126 Rost- und säurebeständige Stähle,
Druckschriften-Nr. 400, April 1970
Stahlwerke Südwestfalen AG, Geisweid

127 Lexikon der Korrosion,
Mannesmannröhrenwerke, Düsseldorf, 1970

128 BUNGARDT, K., H. PREISENDANZ u. H.-G. DORST:
Wasserstoffaufnahme und elastomechanische Eigenschaften von unlegiertem Titan und Titanlegierungen,
DEW-Technische Berichte 6 (1966) 2, S. 54-71

129 RÜDINGER, K.:
Erzeugung und Qualitätssicherung von Titanwerkstoffen,
DEW Internationales Symposium, Krefeld, Mai 1970

130 ZWICKER, U.:
Wasserstoffversprödung von Titan und Titanlegierungen,
Zeitschrift für Werkstofftechnik 5 (1974) 5, S. 233-284

<u>Nachtrag</u>

131 KANN, v. H.:
Wiegen die Vorteile des isothermen Schmiedens von Titan vorhandene Nachteile auf?
Maschinenmarkt 83 (1977) 19, S. 319-320

132 BROICHHAUSEN, J. u. VAN KANN, H.:
Beeinflussung der Dauerfestigkeit von Ti 6 Al 4 V durch Behandeln der Schmiedehaut,
Maschinenmarkt 83 (1977) 28, S. 537-539

133 DIETRICH, H.:
Eigenschaften der nichtmagnetisierbaren Stähle und ihre metallkundliche Deutung,
DEW-Technische Berichte 4 (1964) 3, S. 111-133
4, S. 163-181

134 DIETRICH, H.:
Nichtmagnetisierbare Stähle,
Nickel-Berichte 24 (1966) 3, S. 33-43

135 BUNGARDT, K. u. K. RÜDINGER:
Untersuchungen zur Oberflächenhärtung von Titan mit Stickstoff und Kohlenstoff,
Zeitschrift für Metallkunde 47 (1956) 8, S. 577-583

136 KELLERER, H.:
Übersicht über die Wärmebehandlung von TiAl 6 V 4,
Härterei-Technische Mitteilungen 25 (1970) 4, S. 242-253

137 CHATTERJEE-FISCHER, R.:
Persönliche Mitteilung a.d. Stiftung Institut für Härtereitechnik, Bremen
Veröffentlichung demnächst

138 CHATTERJEE-FISCHER, R.:
Borieren - ein Verfahren zum Erzeugen von Randschichten extrem hoher Härte,
Maschinenmarkt 83 (1977) 40, S. 769-771

Nachtrag zu den Abschnitten

5.1.2. Schmieden

8. Wasserstoffaufnahme

KNORR, W. u. G. DOMICK:
Herstellung und mechanische Eigenschaften von Flachprodukten aus Titan und Titanlegierungen,
Bänder, Bleche, Rohre 18 (1977) 7, S. 300-308

Abbildungen

Die nachstehenden Abbildungen sind gegenüber den Originalvorlagen beim Druck um ein Fünftel verkleinert worden. Wir bitten, dies bei der Bewertung der angegebenen Maßangaben zu berücksichtigen.

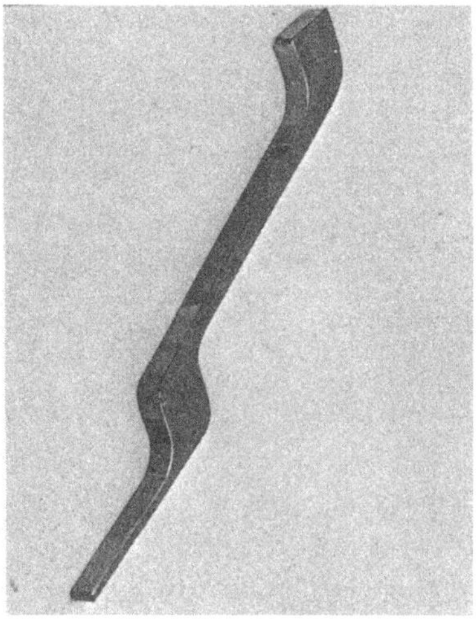

Bild 1: s = 13 mm

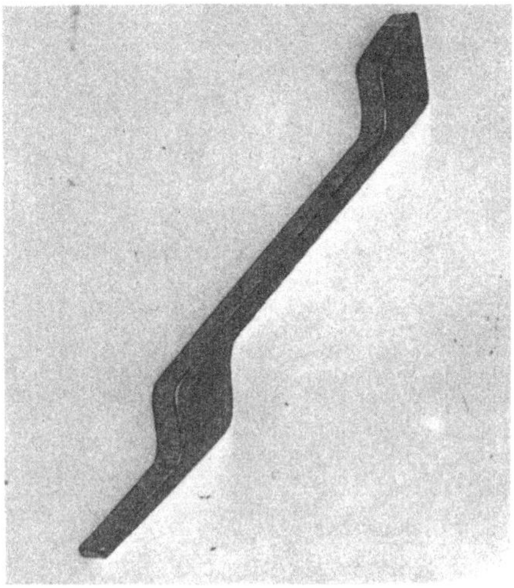

Bild 2: s = 17 mm

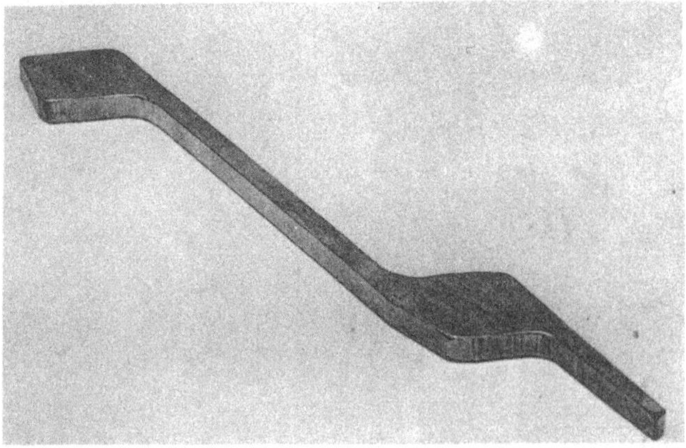

Bild 3: s = 22 mm

Vormaterial ("Spaltstücke") für Schraubenschlüssel

V ≈ 1 : 2,5

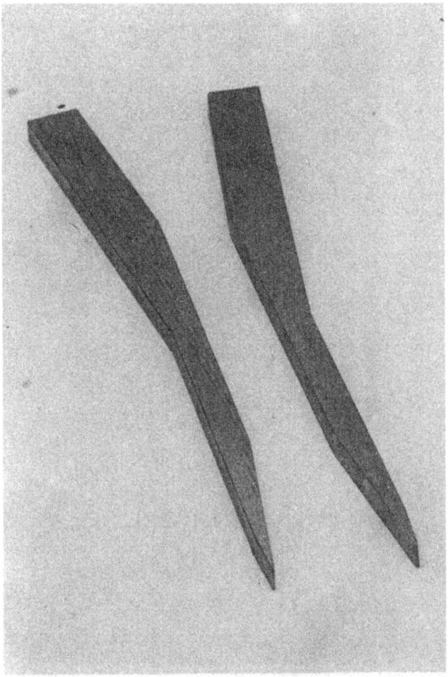

Bild 4: Kombizange

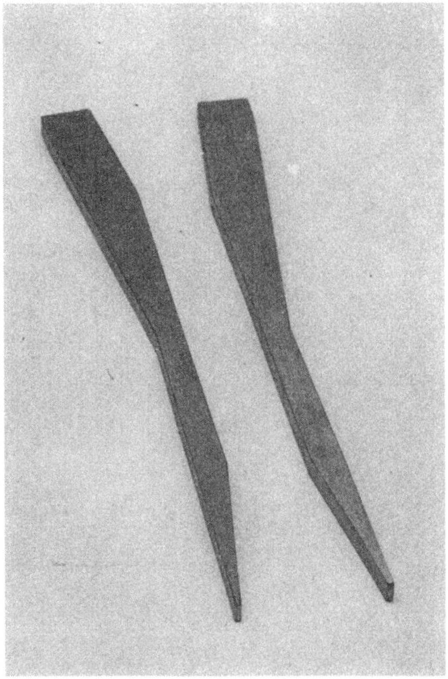

Bild 5: Flachrundzange

Vormaterial ("Spaltstücke") für Kombi- und Flachrundzangen

V = 1:3

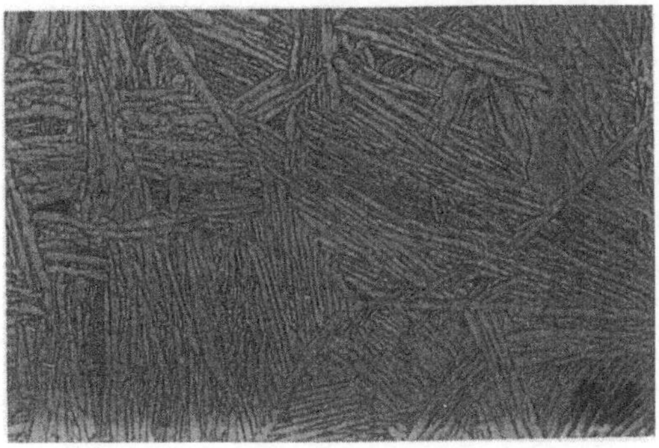

Bild 6:

Gefügeausbildung der Titanlegierung Ti Al6V6Sn2 im unbehandelten Anlieferungszustand

V = 400:1

Bild 7:
Ölhydraulischer Schmiedehammer

Bild 8:
Vorbiegen einer Flachrundzange

Bild 9:
Vorschmieden eines Schraubenschlüssels (s = 17 mm)

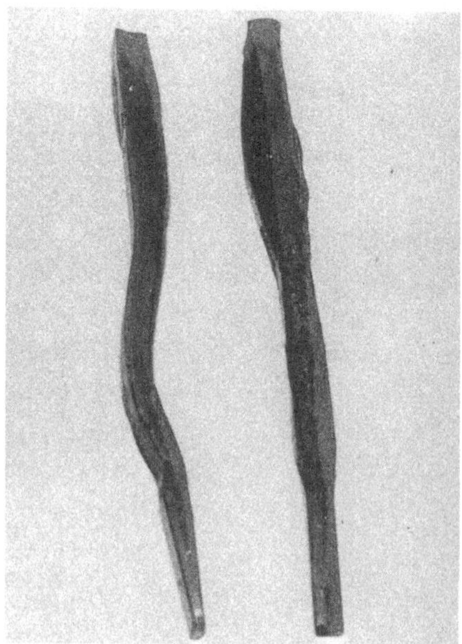

Bild 10:
Schmiedefehler (falsche Erwärmung)

Schmiedung von Werkzeugen aus Ti Al6V6Sn2

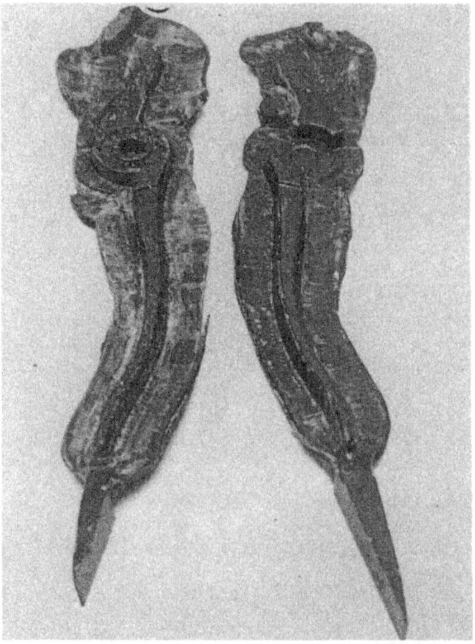

Bild 11:
Kombizange

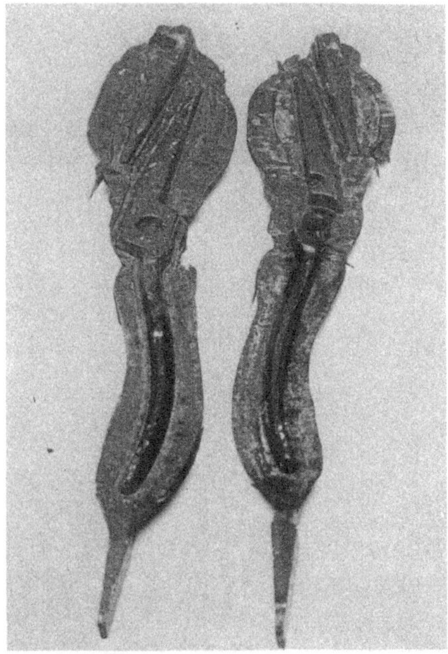

Bild 12:
Flachrundzange

Bild 13:
Schraubenschlüssel
(s = 13 mm)

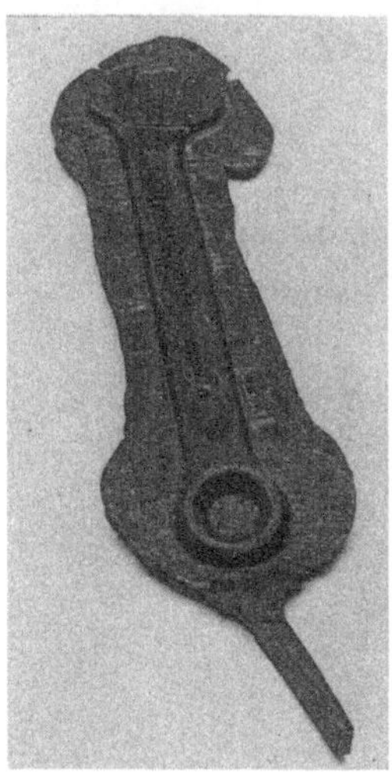

Bild 14:
Schraubenschlüssel
(s = 17 mm)

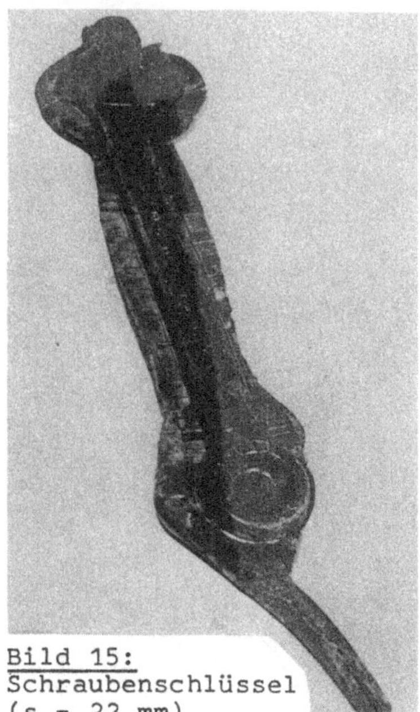

Bild 15:
Schraubenschlüssel
(s = 22 mm)

Geschmiedete Werkzeugrohlinge aus Ti Al6V6Sn2

V ≈ 1:3

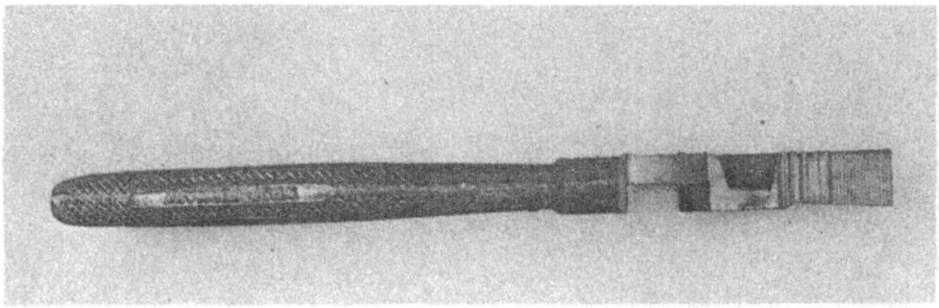

Bild 16:

Querschnitt durch den Rohling einer Kombizange

V ≈ 1:2

Bild 17:

Gefügeausbildung im Schmiedezustand

Ti Al6V6Sn2 - Flachrundzange

V = 400:1

Bild 18:
Flachrundzange

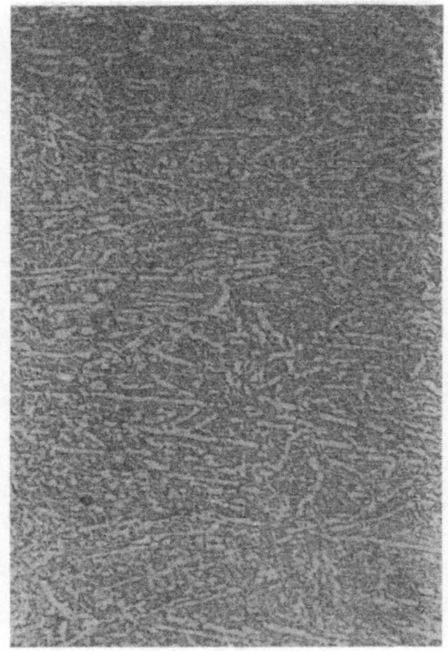

Bild 19:
Kombizange

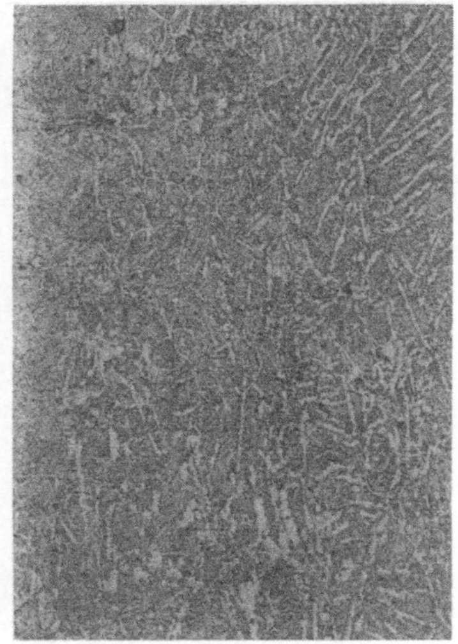

Bild 20:
Schraubenschlüssel
(s = 22 mm)

Gefügeausbildung nach dem Glühen (Ti Al6V6Sn2)

V = 400:1

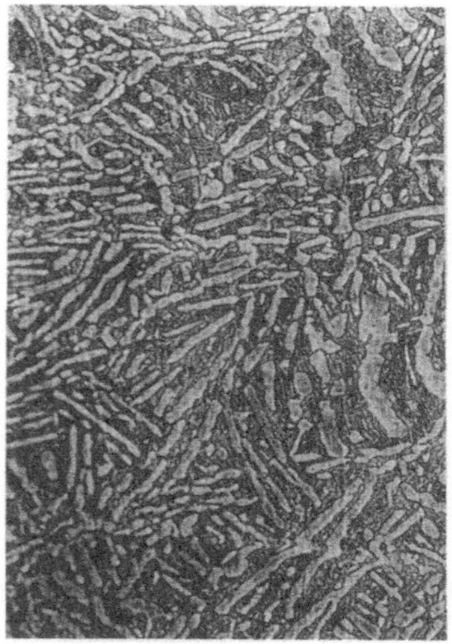

Bild 21:
Flachrundzange

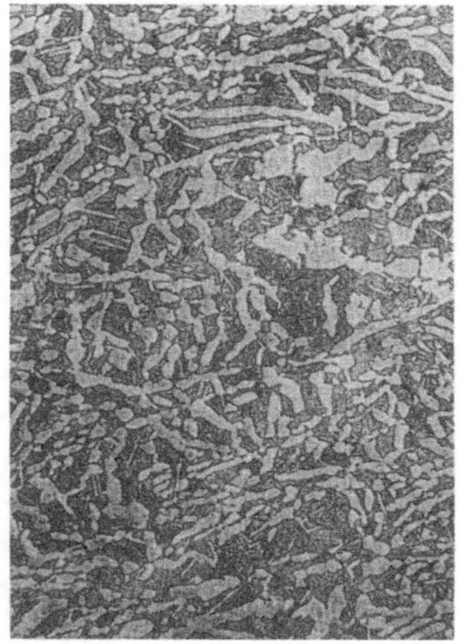

Bild 22:
Kombizange

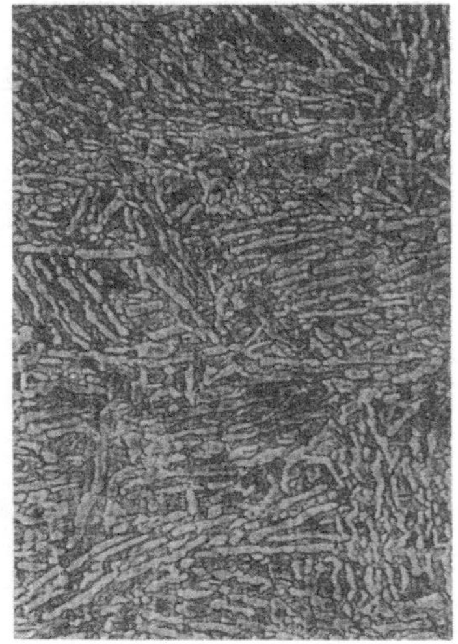

Bild 23:
Schraubenschlüssel
(s = 22 mm)

Gefügeausbildung nach dem Lösungsglühen (Ti Al6V6Sn2)

V = 400:1

(Aus ätztechnischen Gründen wurden diese Proben zusätzlich wärmebehandelt)

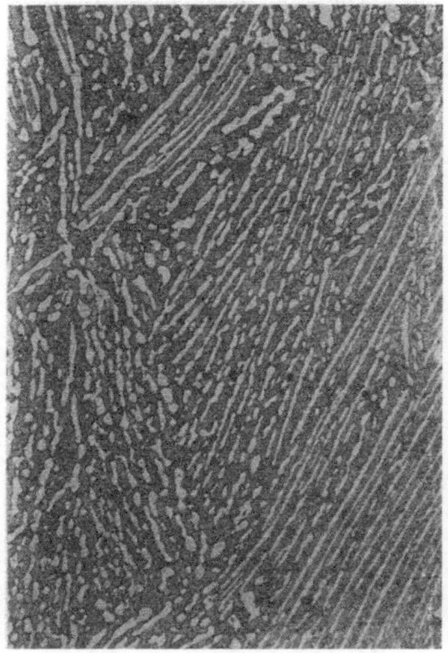

Bild 24:
Flachrundzange

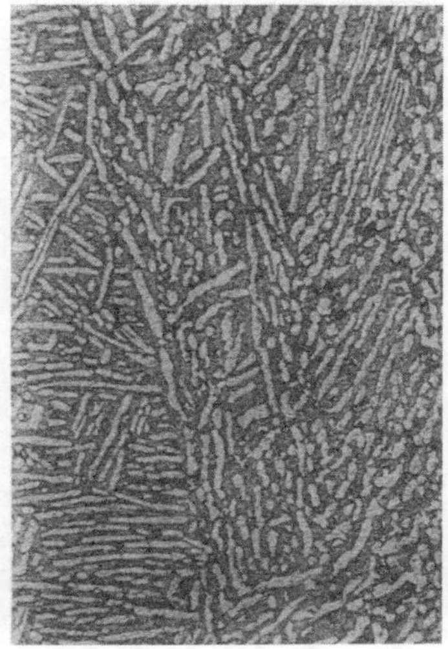

Bild 25:
Kombizange

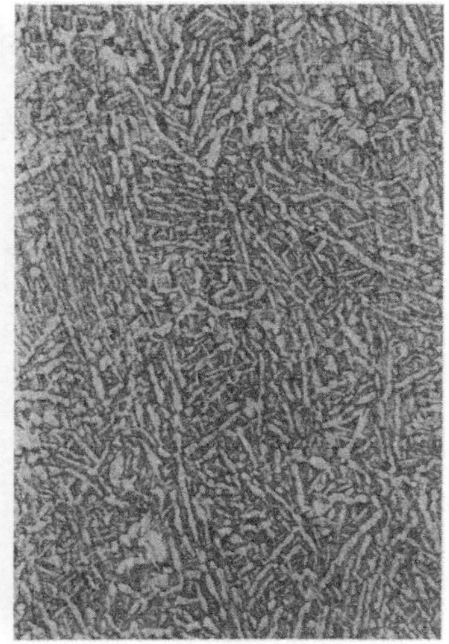

Bild 26:
Schraubenschlüssel
(s = 22 mm)

Gefügeausbildung nach dem Aushärten (Ti Al6V6Sn2) V = 400:1

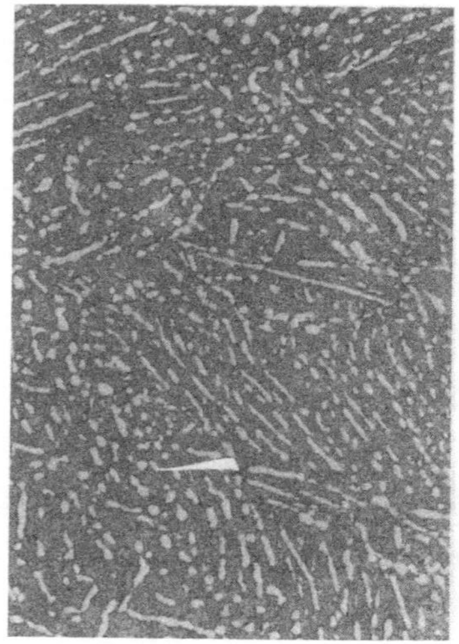

<u>Bild 27:</u>
$\varphi' = 0{,}13$

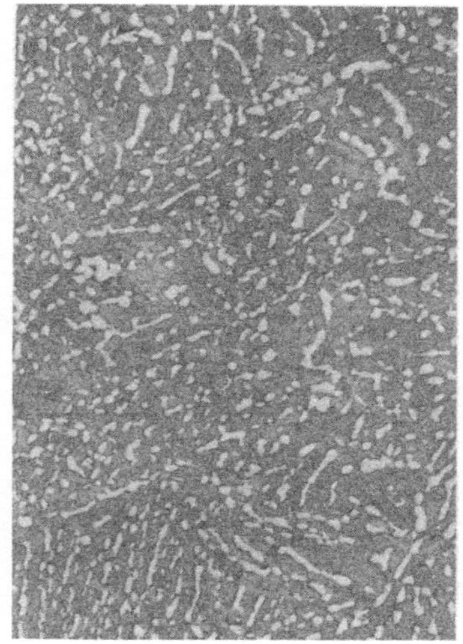

<u>Bild 28:</u>
$\varphi = 0{,}47$

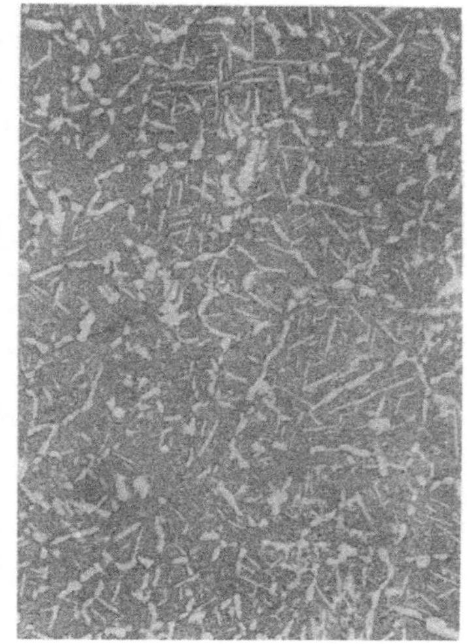

<u>Bild 29:</u>
$\varphi = 1{,}39$

Einfluß der logarithmischen Formänderung φ auf die Gefügeausbildung

V = 400:1

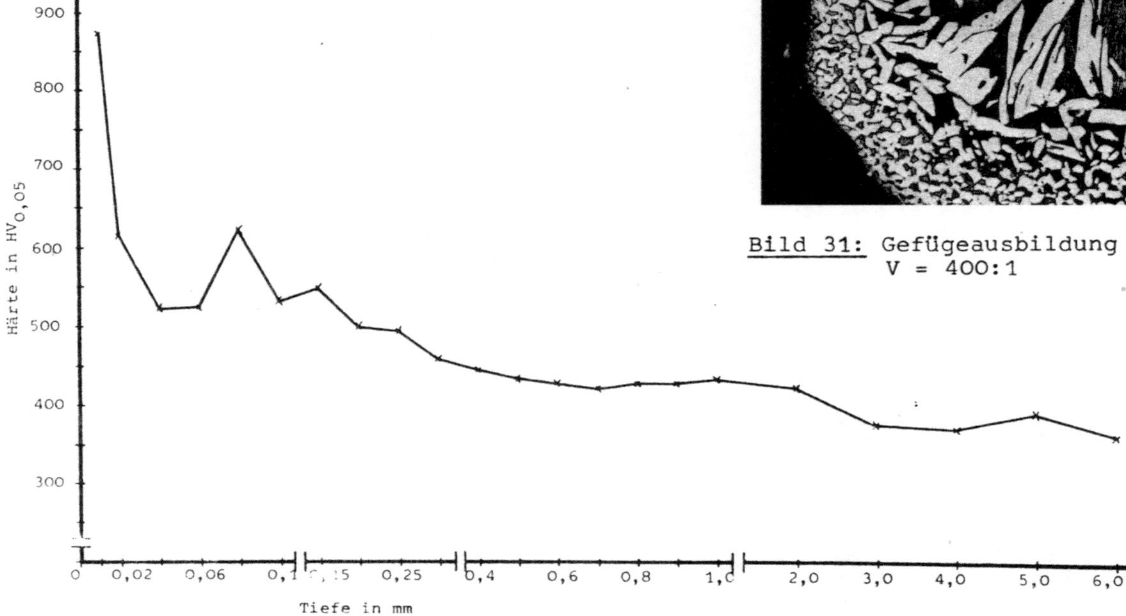

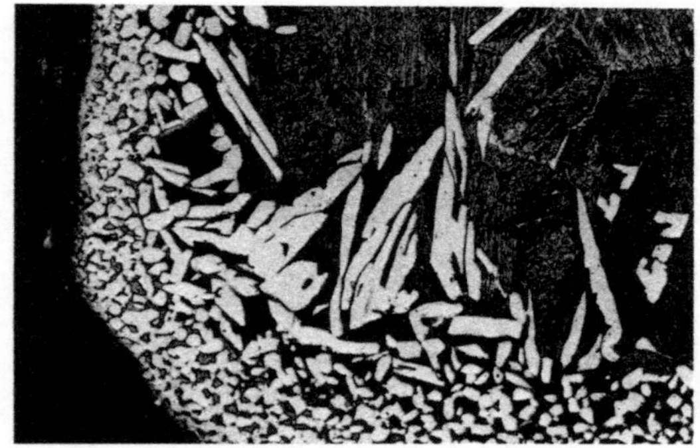

Bild 31: Gefügeausbildung der Randzone
V = 400:1

Bild 30: Härteverlauf in einer Probe aus Ti Al6V6Sn2 nach dem Aufkohlen

Bild 30: Härteverlauf in einer Probe aus Ti Al6V6Sn2 nach dem Aufkohlen

Bild 33: Gefügeausbildung der Randzone V = 400:1

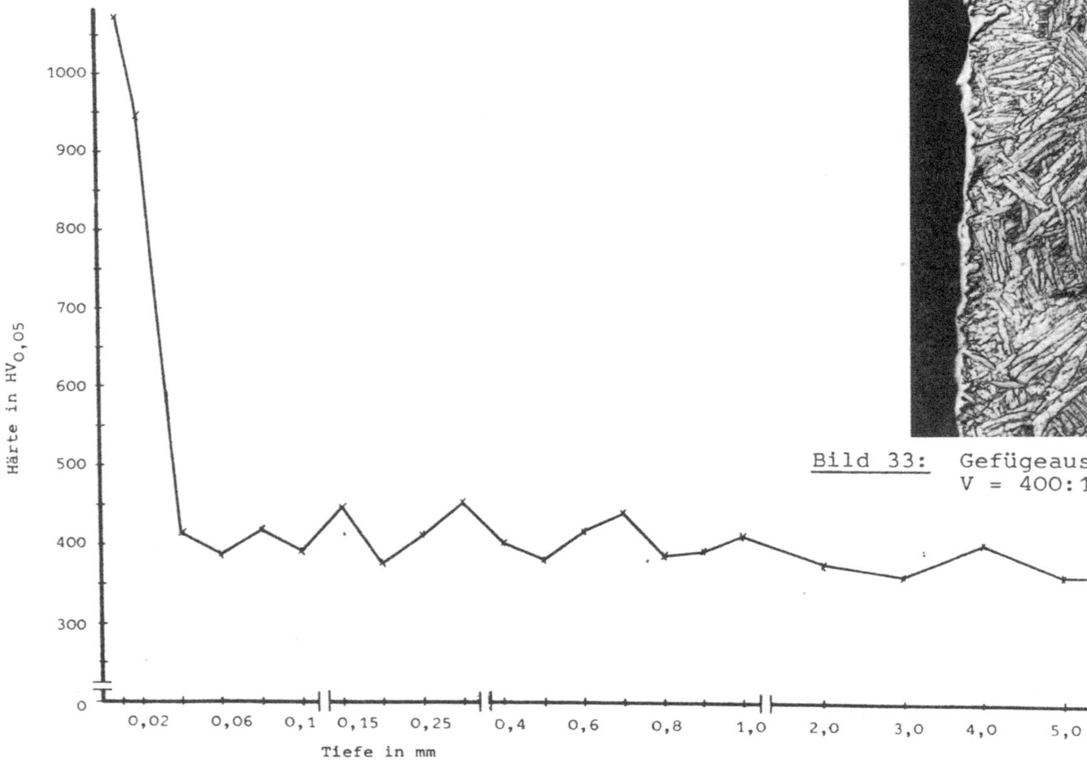

Bild 32: Härteverlauf in einer Probe aus Ti Al6V6Sn2 nach dem Borieren

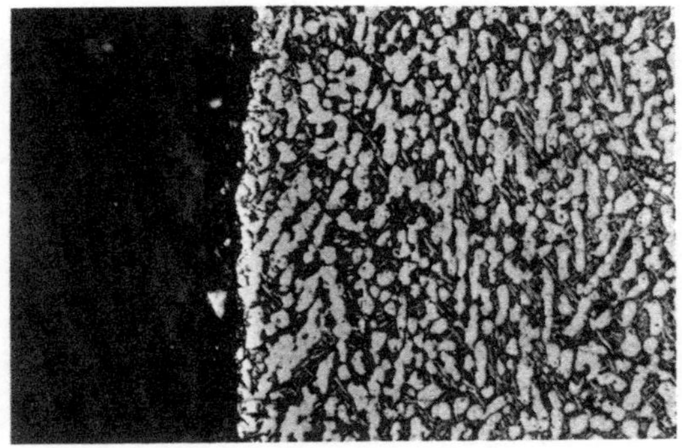

Bild 35: Gefügeausbildung der Randzone
V = 400:1

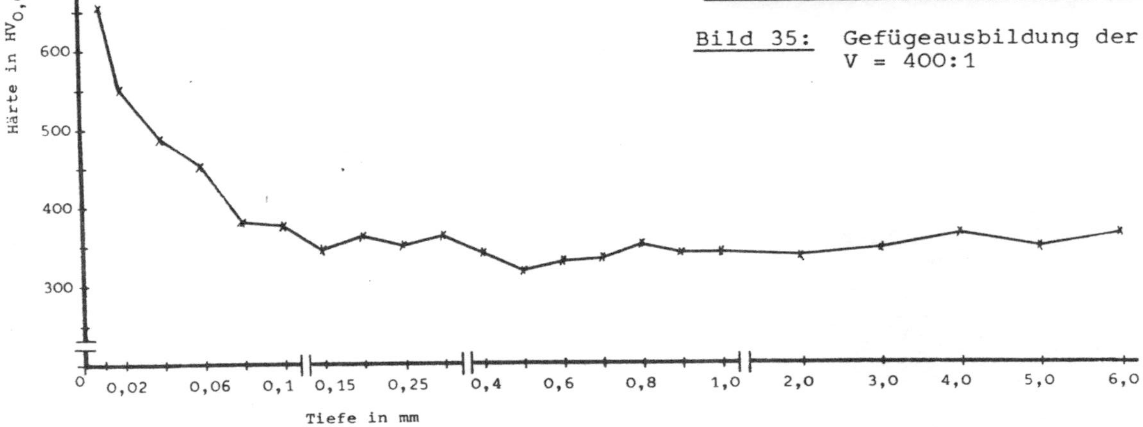

Bild 34: Härteverlauf in einer Probe aus Ti Al6V6Sn2 nach dem Badnitrieren (Tiduran ®)

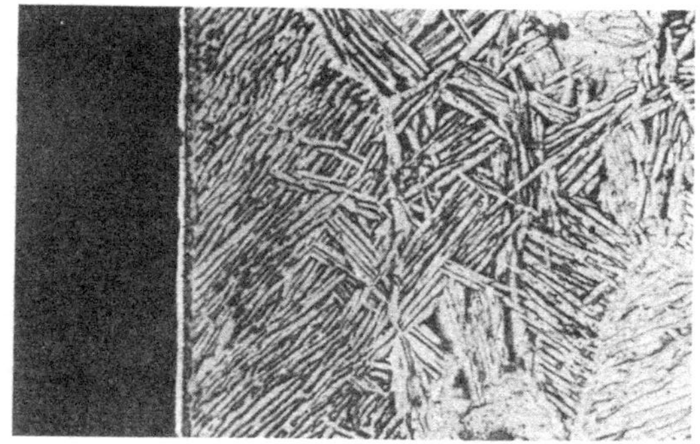

Bild 37: Gefügeausbildung der Randzone
V = 400:1

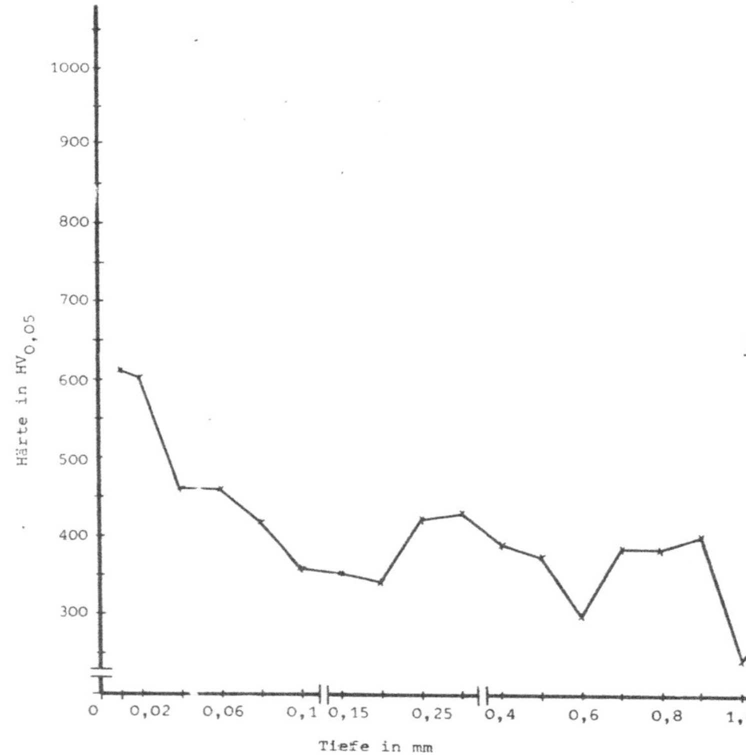

Bild 36: Härteverlauf in einer Probe aus Ti Al6V6Sn2 nach dem Gasnitrieren

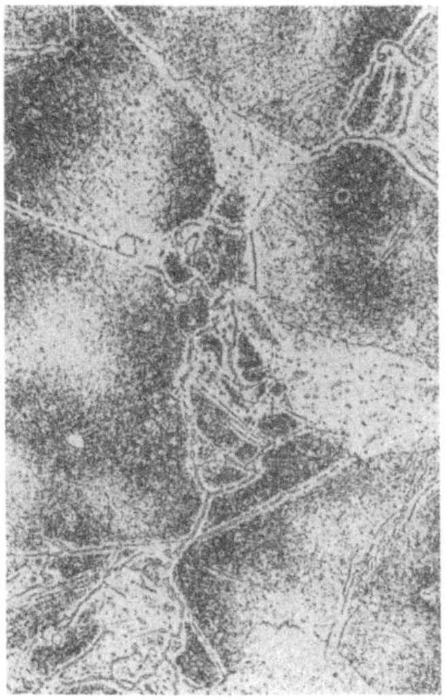

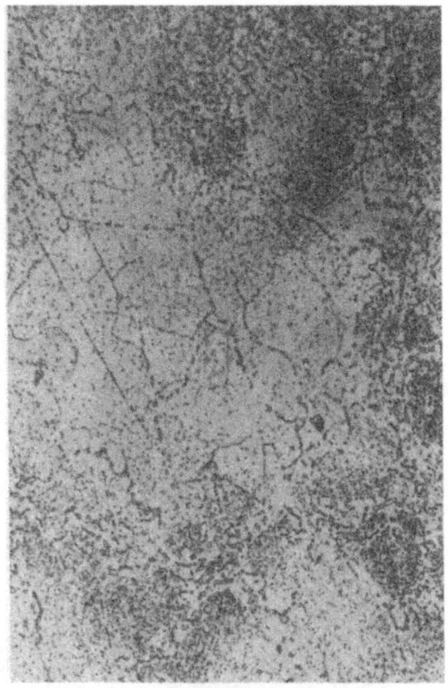

Bild 38:
Vormaterial, unbehandelt

Bild 39:
Nach dem Schmieden

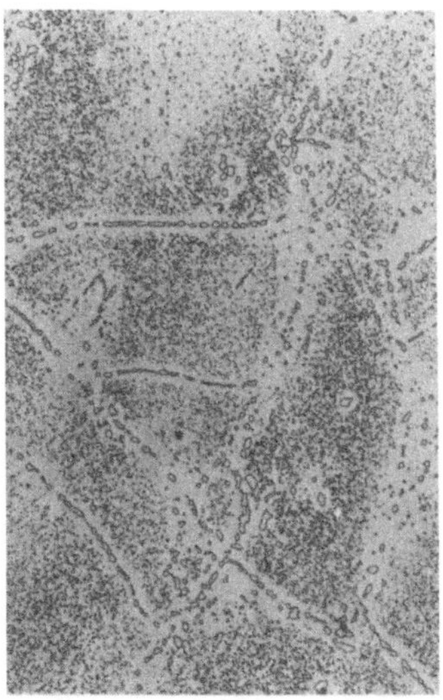

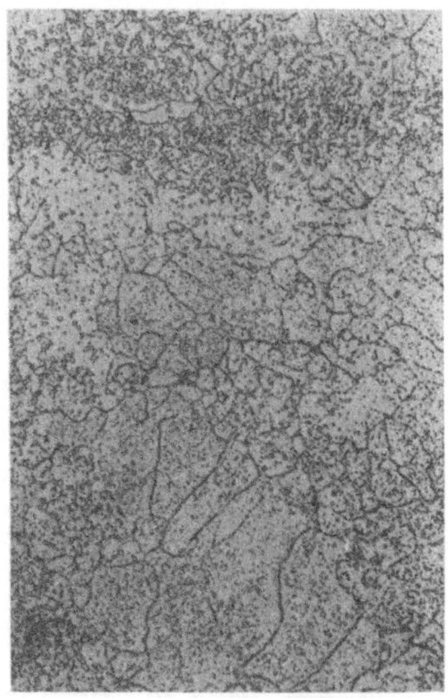

Bild 40:
Nach dem Lösungsglühen

Bild 41:
Nach dem Aushärten

Gefügeausbildung des Werkstoffes X 50 CrMnNiV 22 9

V = 400:1

Bild 43: Gefügeausbildung der Randzone
V = 400:1

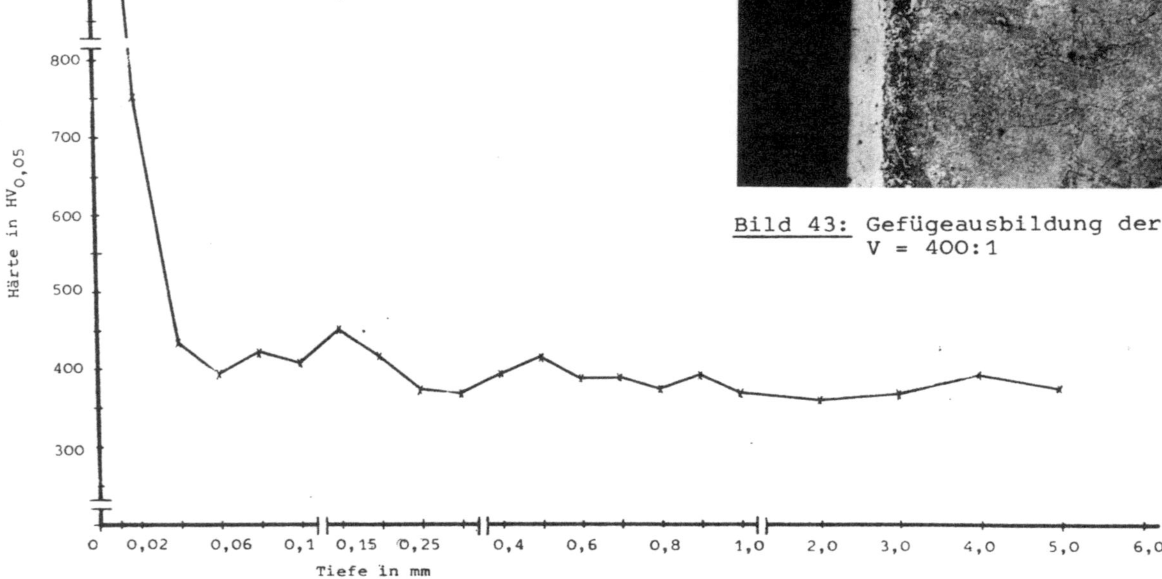

Bild 42: **Härteverlauf in einer Probe aus X 50 CrMnNiV 22 9 nach dem Borieren**

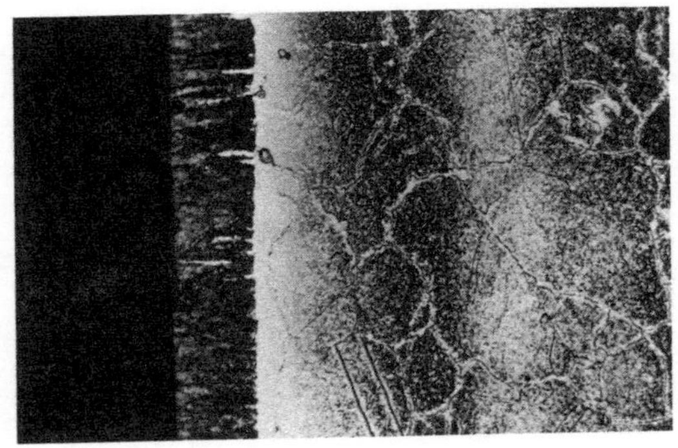

Bild 45: Gefügeausbildung der Randzone
V = 400:1

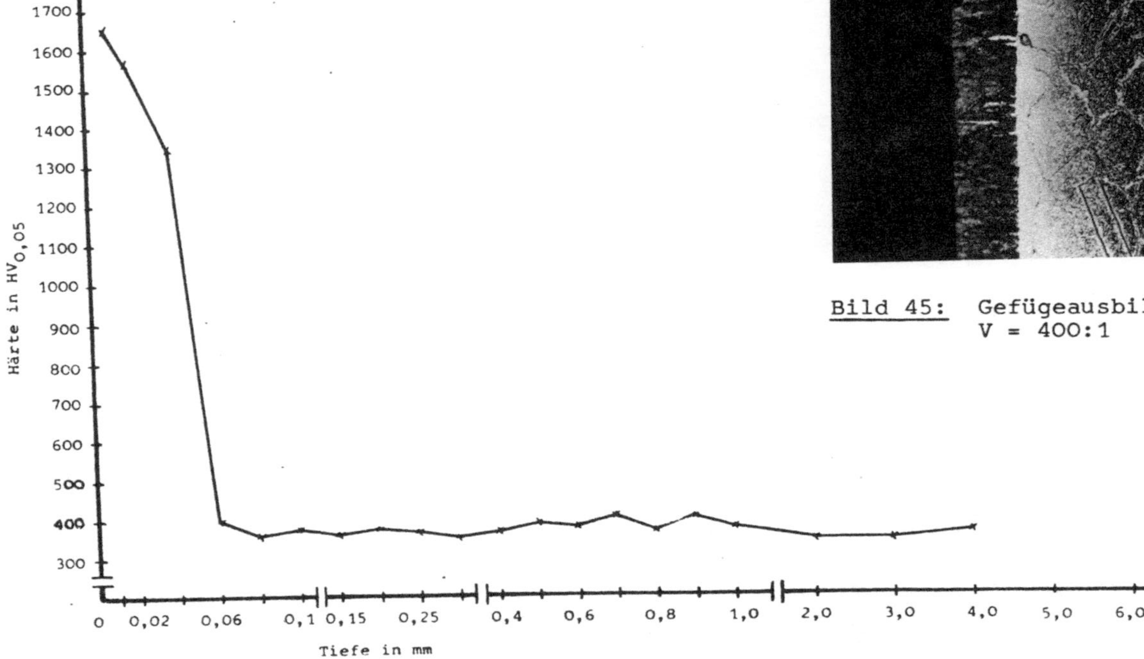

Bild 44: Härteverlauf in einer Probe aus X 50 CrMnNiV 22 9 nach dem Badnitrieren (Tenifer ®)

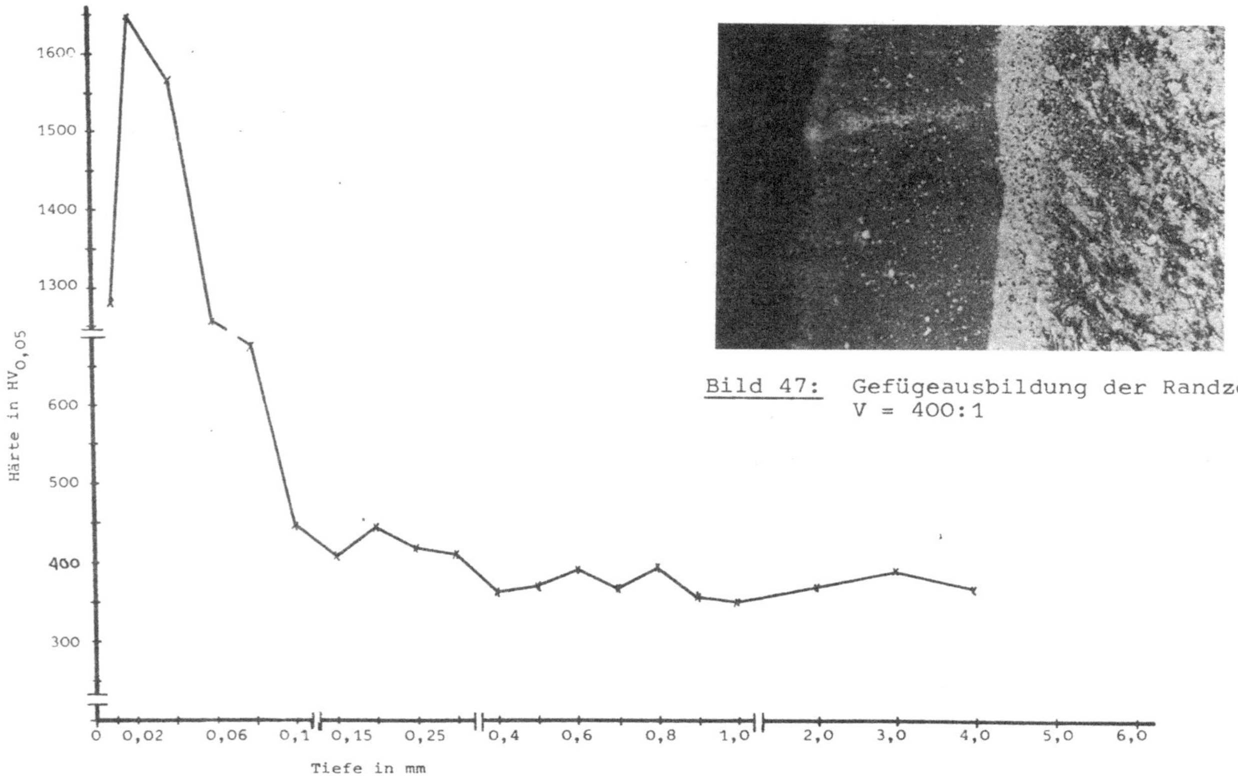

Bild 47: Gefügeausbildung der Randzone
V = 400:1

Bild 46: Härteverlauf in einer Probe aus X 50 CrMnNiV 22 9 nach dem Gasnitrieren

Bild 48:
Prüfgerät für schneidende Zangen

Bild 49:
Prüfgerät für Schraubenschlüssel

Bild 50:
Prüfgerät für Schraubendreher

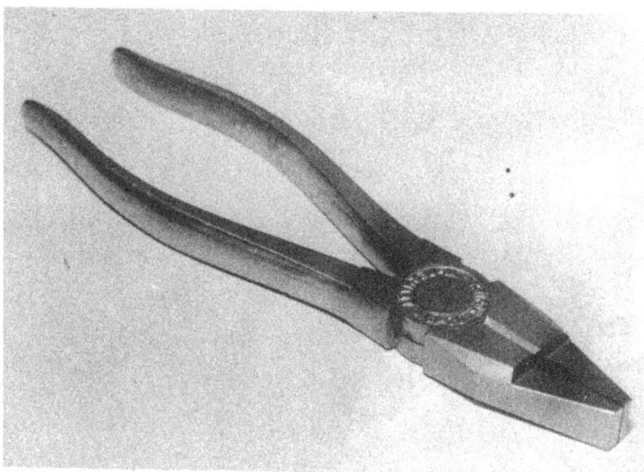

Bild 51:
Kombizange aus der Titanlegierung Ti Al6V6Sn2

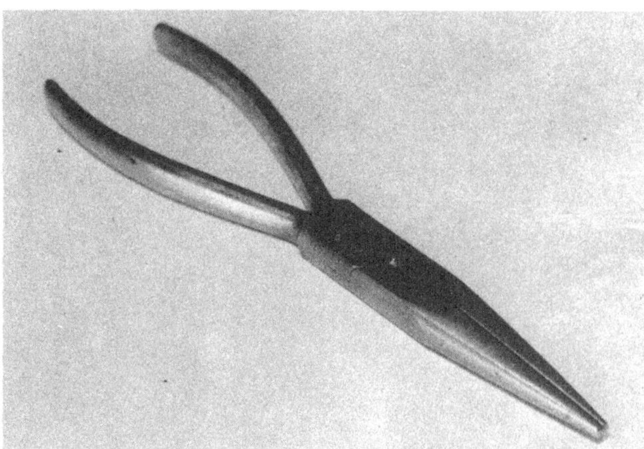

Bild 52:
Flachrundzange aus der Titanlegierung Ti Al6V6Sn2 V ≈ 1:2

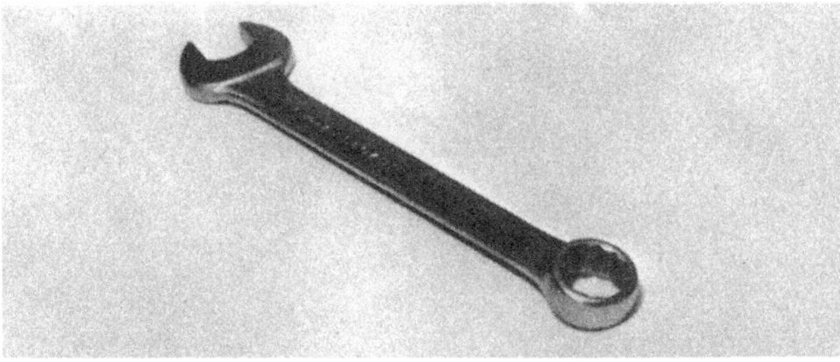

Bild 53: s = 13 mm

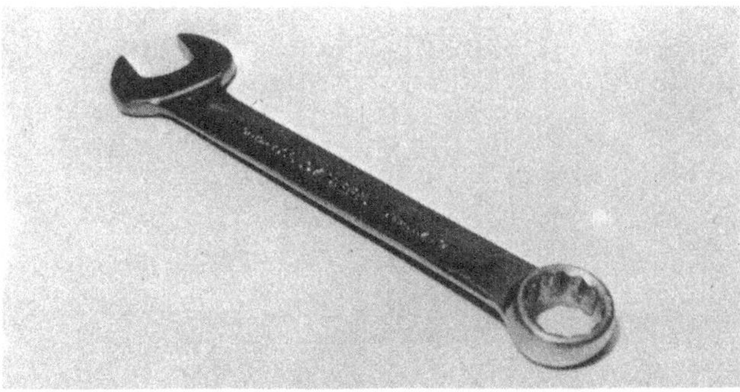

Bild 54: s = 17 mm

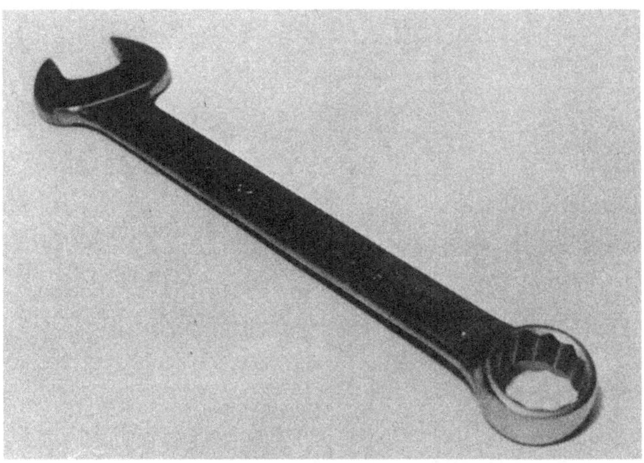

Bild 55: s = 22 mm

Schraubenschlüssel aus der Titanlegierung Ti Al6V6Sn2

V ≈ 1:2

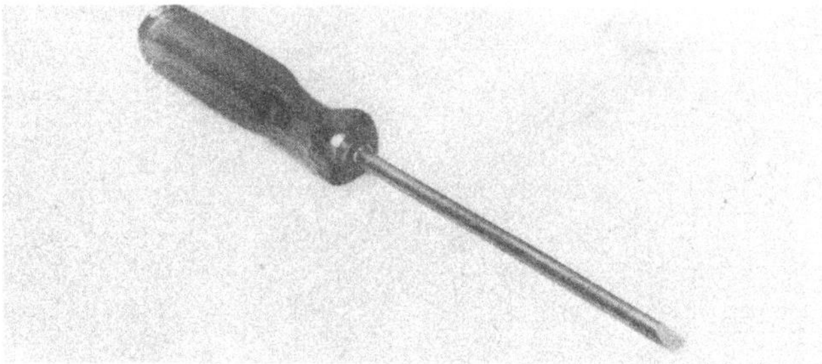

Bild 56: 0,5 x 4,0 mm

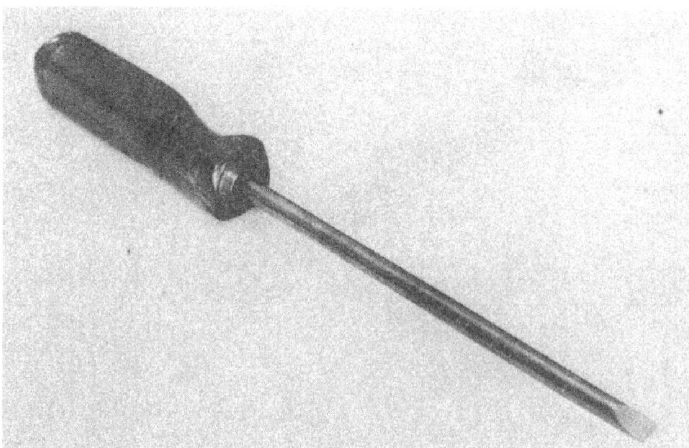

Bild 57: 0,8 x 6,0 mm

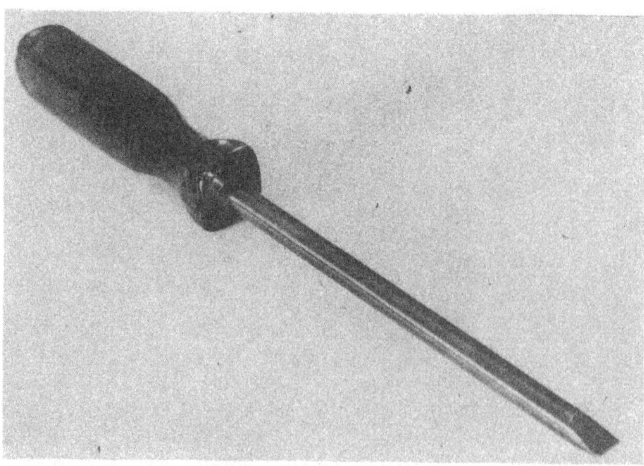

Bild 58: 1,0 x 8,0 mm

Schraubendreher aus der Titanlegierung Ti Al6V6Sn2 V ≈ 1:2

FORSCHUNGSBERICHTE
des Landes Nordrhein-Westfalen

Herausgegeben
im Auftrage des Ministerpräsidenten Heinz Kühn
vom Minister für Wissenschaft und Forschung Johannes Rau

Die „Forschungsberichte des Landes Nordrhein-Westfalen" sind in zwölf Fachgruppen gegliedert:

Geisteswissenschaften
Wirtschafts- und Sozialwissenschaften
Mathematik / Informatik
Physik / Chemie / Biologie
Medizin
Umwelt / Verkehr
Bau / Steine / Erden
Bergbau / Energie
Elektrotechnik / Optik
Maschinenbau / Verfahrenstechnik
Hüttenwesen / Werkstoffkunde
Textilforschung

Die Neuerscheinungen in einer Fachgruppe können im Abonnement zum ermäßigten Serienpreis bezogen werden. Sie verpflichten sich durch das Abonnement einer Fachgruppe nicht zur Abnahme einer bestimmten Anzahl Neuerscheinungen, da Sie jeweils unter Einhaltung einer Frist von 4 Wochen kündigen können.

WESTDEUTSCHER VERLAG
5090 Leverkusen 3 · Postfach 300 620

GPSR Compliance

The European Union's (EU) General Product Safety Regulation (GPSR) is a set of rules that requires consumer products to be safe and our obligations to ensure this.

If you have any concerns about our products, you can contact us on ProductSafety@springernature.com

In case Publisher is established outside the EU, the EU authorized representative is:

Springer Nature Customer Service Center GmbH
Europaplatz 3
69115 Heidelberg, Germany

Batch number: 10584556

Printed by Printforce, the Netherlands